D. Scholz

Proportionalhydraulik

Springer-Verlag Berlin Heidelberg GmbH

FESTO DIDACTIC KG
Ruiter Straße 82
73734 Esslingen

Die Deutsche Bibliothek - CIP-Einheitsaufnahme
Scholz, D.:
Proportionalhydraulik / D. Scholz. Hrsg.: Festo Didactic KG.
Berlin; Heidelberg; New York, Barcelona; Budapest; Hongkong;
London; Mailand; Paris; Santa Clara; Singapur; Tokio: Springer, 1997
ISBN 978-3-540-62088-4   ISBN 978-3-642-59131-0 (eBook)
DOI 10.1007/978-3-642-59131-0

ISBN 978-3-540-62088-4

Einband-Entwurf: Struve & Partner, Heidelberg
Satz: Digitale Druckvorlage vom Autor
SPIN: 10561286   68 /3020 - Gedruckt auf säurefreiem Papier

D. Scholz

Proportionalhydraulik

Grundstufe

 Springer

Kapitel 1

Einführung in die Proportionalhydraulik

Hydraulische Antriebe weisen durch die hohe Leistungsdichte einen geringen Einbauraum und ein geringes Gewicht auf. Sie ermöglichen es, sehr große Leistungen und Kräfte schnell und genau zu steuern. Mit dem Hydraulikzylinder steht ein kostengünstiger und einfach aufgebauter Linearantrieb zur Verfügung. Die Kombination dieser Vorteile erschließt der Hydraulik vielfältige Anwendungen im Maschinenbau, im Fahrzeugbau und in der Luftfahrt.

Die zunehmende Automatisierung macht es bei immer mehr hydraulischen Anlagen erforderlich, Druck, Durchfluß und Durchflußrichtung mit einer elektrischen Steuerung zu verstellen. Hier bieten sich hydraulische Proportionalventile als Schnittstelle zwischen Steuerung und Hydraulikanlage an. Um die Vorteile der Proportionalhydraulik zu verdeutlichen, werden am Beispiel eines Vorschubantriebs für eine Drehmaschine (*Bild 1.1*) drei hydraulische Schaltungen einander gegenübergestellt:

- eine Schaltung m*it manuell betätigten Ventilen (Bild 1.2),*

- eine Schaltung mit elektrisch betätigten Ventilen (*Bild 1.3),*

- eine Schaltung mit Proportionalventilen (*Bild 1.4*).

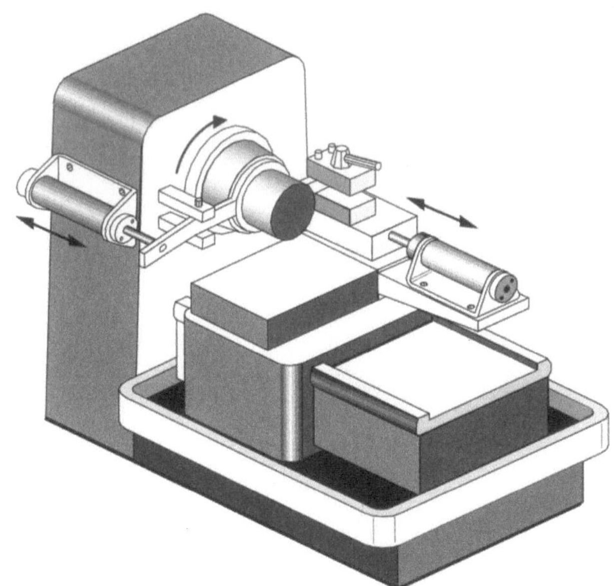

Bild 1.1
*Hydraulischer Vorschub-
antrieb einer Drehmaschine*

1.1 Hydraulischer Vorschubantrieb mit manueller Steuerung

Bild 1.2 zeigt die Schaltung eines hydraulischen Vorschubantriebs mit handbetätigten Ventilen.

- Druck und Durchfluß werden bei der Inbetriebnahme eingestellt. Zu diesem Zweck weisen Druckbegrenzungsventil und Drossel Einstellschrauben auf.

- Durchflußweg und die Durchflußrichtung können während des Betriebs verändert werden, indem das Wegeventil von Hand betätigt wird.

Kein Ventil in dieser Anlage kann elektrisch verstellt werden. Eine Automatisierung des Vorschubantriebs ist nicht möglich.

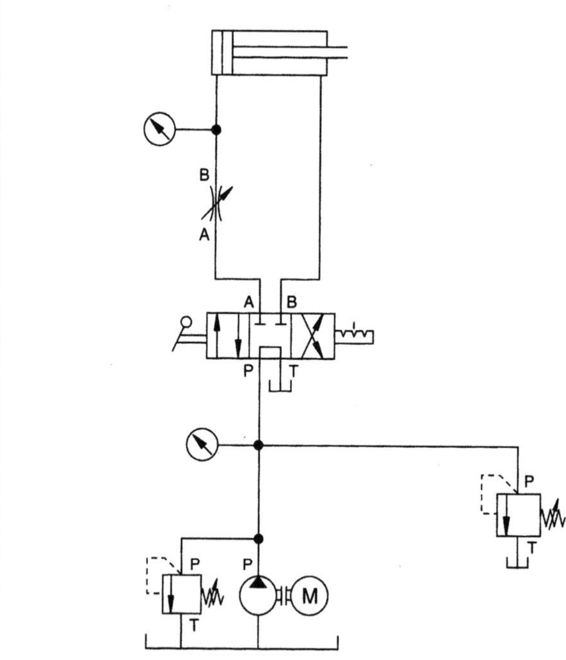

Bild 1.2
Hydraulischer Schaltplan eines manuell gesteuerten Vorschubantriebs

Bei elektrohydraulischen Anlagen werden die Wegeventile elektrisch verstellt. *Bild 1.3* zeigt den Schaltplan eines Vorschubantriebs mit einem elektrisch betätigten Wegeventil. Durch Betätigung des Wegeventils mit einer elektrischen Steuerung läßt sich die Bedienung der Drehmaschine automatisieren.

Druck und Durchfluß können während des Betriebes nicht von der elektrischen Steuerung beeinflußt werden. Ist eine Änderung erforderlich, so muß die Produktion auf der Drehmaschine gestoppt werden. Erst dann können Drossel und Druckbegrenzungsventil von Hand neu eingestellt werden.

1.2 Hydraulischer Vorschubantrieb mit elektrischer Steuerung und Schaltventilen

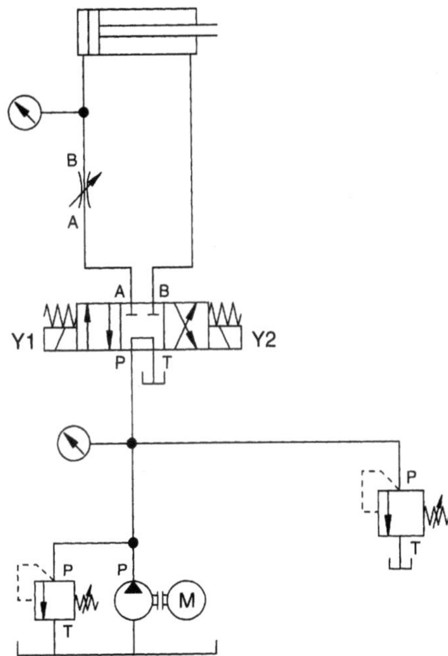

Bild 1.3
Hydraulischer Schaltplan eines elektrisch gesteuerten Vorschubantriebs

Die Automatisierung der Druck- und Durchflußverstellung ist bei elektrohydraulischen Steuerungen mit Schaltventilen nur im begrenzten Umfang möglich. Beispiele sind

- das Zuschalten einer zusätzlichen Drossel durch Betätigen eines Wegeventils,

- das Steuern von Drossel- und Druckventilen mit Nocken.

1.3 Hydraulischer Vorschubantrieb mit elektrischer Steuerung und Proportionalventilen

In *Bild 1.4* ist der Hydraulikschaltplan eines Vorschubantriebs unter Verwendung von Proportionalventilen dargestellt.

- Das Proportional-Wegeventil wird durch ein elektrisches Stellsignal angesteuert. Mit dem Stellsignal werden der Durchfluß und die Durchflußrichtung beeinflußt. Durch Verändern des Durchflusses läßt sich die Bewegungsgeschwindigkeit des Antriebs stufenlos verstellen.

- Ein zweites Stellsignal wirkt auf das Proportional-Druckbegrenzungsventil. Mit diesem Stellsignal läßt sich der Druck kontinuierlich verstellen.

Das Proportional-Wegeventil in *Bild 1.4* übernimmt die Aufgaben des Drossel- und des Wegeventils in *Bild 1.3*. Durch den Einsatz der Proportionaltechnik wird ein Ventil eingespart.

Die Proportionalventile werden von einer elektrischen Steuerung durch ein elektrisches Signal verstellt. Dadurch ist es während des Betriebs möglich

- mit dem Proportional-Druckbegrenzungsventil den Druck in Phasen geringer Belastung (z.B. Stillstand des Schlittens) abzusenken und Energie einzusparen,

- mit dem Proportional-Wegeventil den Schlitten sanft anzufahren und abzubremsen.

Sämtliche Ventilverstellungen erfolgen automatisch, d.h. ohne menschlichen Eingriff.

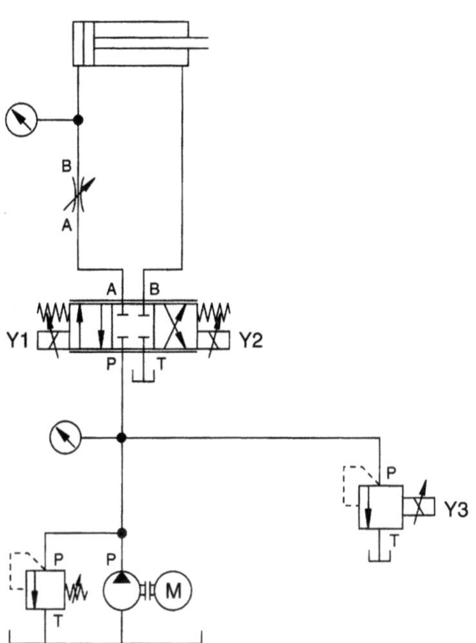

Bild 1.4
Hydraulischer Schaltplan
eines Vorschubantriebs
unter Verwendung von
Proportionalventilen

1.4 Signalfluß und Komponenten der Proportionalhydraulik

Bild 1.5 verdeutlicht den Signalfluß in der Proportionalhydraulik.

- Eine elektrische Spannung (typisch zwischen -10 V und + 10 V) wirkt auf einen elektrischen Verstärker.

- Der Verstärker wandelt die Spannung (Eingangssignal) in einen Strom (Ausgangssignal) um.

- Der Strom wirkt auf den Proportionalmagneten.

- Der Proportionalmagnet betätigt das Ventil.

- Das Ventil steuert den Energiefluß zum hydraulischen Antrieb.

- Der Antrieb wandelt die Energie in Bewegungsenergie um.

Die elektrische Spannung kann stufenlos eingestellt werden. Dementsprechend sind am Antrieb Geschwindigkeit und Kraft (bzw. Drehzahl und Drehmoment) stufenlos verstellbar.

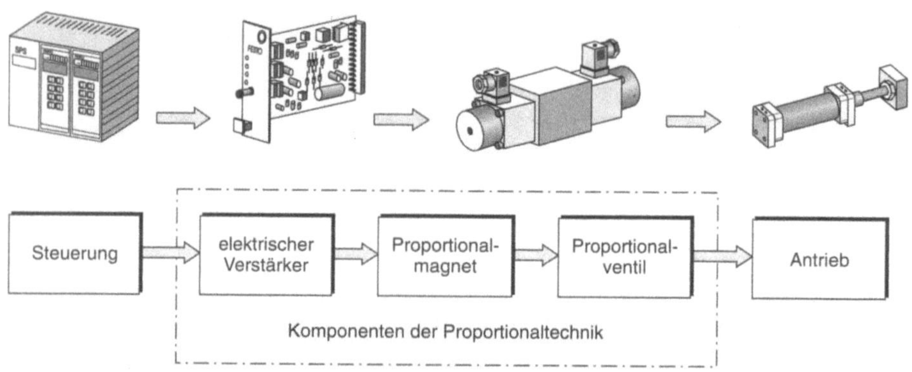

Bild 1.5:
Signalfluß in der
Proportionalhydraulik

Bild 1.6 zeigt ein 4/3-Wege-Proportionalventil mit dem zugehörigen elektrischen Verstärker.

Bild 1.6
4/3-Wege-Proportional-
ventil mit elektrischem
Verstärker (Vickers)

1.5 Vorteile der Proportionalhydraulik

Vergleich von Schaltventilen und Proportionalventilen

Die Vorteile von Proportionalventilen im Vergleich zu Schaltventilen wurden bereits in den Abschnitten 1.2 bis 1.4 erläutert. Sie sind in der *Tabelle 1.1* zusammengefaßt.

Verstellbarkeit der Ventile	- stufenlose Verstellung von Durchfluß und Druck durch elektrisches Eingangssignal - automatische Verstellung von Durchfluß und Druck während des Betriebs der Anlage
Auswirkung auf die Antriebe	automatisierbare, stufenlose und genaue Verstellung von - Kraft bzw. Drehmoment - Beschleunigung - Geschwindigkeit bzw. Drehzahl - Lage bzw. Drehwinkel
Auswirkung auf den Energieverbrauch	- Energieverbrauch kann gesenkt werden durch bedarfsorientierte Steuerung von Druck und Durchfluß.
Schaltungsvereinfachung	- Ein Proportionalventil kann mehrere Ventile ersetzen, z.B. ein Wegeventil und ein Stromventil

Tabelle 1.1
Vorteile von elektrisch betätigten Proportional-ventilen im Vergleich zu Schaltventilen

Vergleich von Proportional- und Servohydraulik

Mit Servoventilen lassen sich die gleichen Funktionen wie mit Proportionalventilen erzielen. Durch höhere Genauigkeit und Schnelligkeit ergeben sich sogar Vorteile für die Servotechnik. Dem stehen als Vorteile der Proportionaltechnik der geringere Aufwand und die niedrigeren Kosten für Anlage und Wartung gegenüber:

- Der Ventilaufbau ist einfacher und kostengünstiger.

- Durch positive Überdeckung der Steuerschieber und kräftige Proportionalmagnete zur Ventilbetätigung steigt die Betriebssicherheit. Der Aufwand für die Filterung der Druckflüssigkeit ist geringer, die Wartungsintervalle sind länger.

- Servohydraulische Antriebe arbeiten häufig im Regelkreis. Mit Proportionalventilen ausgerüstete Antriebe werden üblicherweise als Steuerkette betrieben. Dadurch entfallen bei der Proportionalhydraulik Meßsystem und Regler. Der Systemaufbau vereinfacht sich entsprechend.

Die Proportionaltechnik vereinigt die kontinuierliche elektrische Verstellbarkeit und den robusten, kostengünstigen Aufbau der Ventile. Proportionalventile schließen die Lücke zwischen Schaltventilen und Servoventilen.

Kapitel 2

Proportionalventile:
Aufbau und Funktionsweise

Zur Betätigung eines elektrisch verstellbaren Proportionalventils die-
nen, je nach Ventilbauform, ein oder zwei Proportionalmagnete.

Magnetaufbau

Der Proportionalmagnet (*Bild 2.1*) ist abgeleitet vom Schaltmagneten,
wie er in der Elektrohydraulik zur Betätigung von Wegeventilen verwendet wird. Der elektrische Strom fließt durch die Spule des Elek-
tromagneten und erzeugt ein Magnetfeld. Das Magnetfeld übt eine
nach rechts gerichtete Kraft auf den beweglich gelagerten Anker aus.
Mit dieser Kraft kann ein Ventil betätigt werden.

Anker, Polrohr und Gehäuse des Poportionalmagneten werden, wie
beim Schaltmagneten, aus leicht magnetisierbarem, weichmagneti-
schem Werkstoff gefertigt. Im Vergleich zum Schaltmagneten besitzt
der Proportionalmagnet einen anders geformen Steuerkonus. Dieser
besteht aus nicht magnetisierbarem Material und beeinflußt den Verlauf der magnetischen Feldlinien.

Arbeitsweise eines Proportionalmagneten

Durch geeignete Gestaltung der weichmagnetischen Teile und des
Steuerkonus erreicht man näherungsweise folgende Charakteristik
(*Bild 2.1*):

- Die Kraft steigt proportional zum Strom an. D.h.: Eine Verdopplung
  des Stromes führt zu einer Verdopplung der Kraft auf den Anker.

- Im Arbeitsbereich des Proportionalmagneten hängt die Kraft nicht
  von der Stellung des Ankers ab.

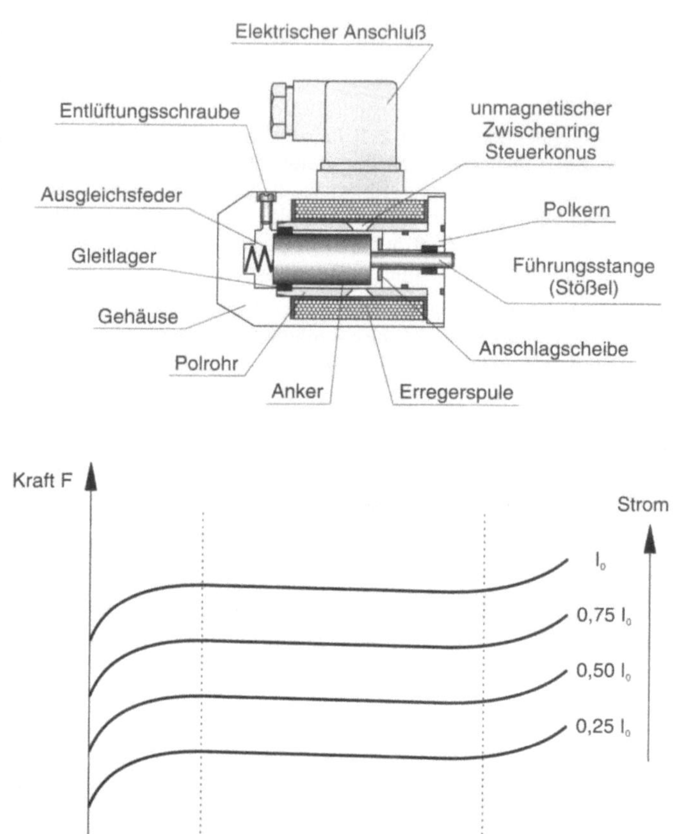

Bild 2.1
Aufbau und Kennlinienfeld
eines Proportional-
magneten

In einem Proportionalventil wirkt der Proportionalmagnet gegen eine Feder, die die Rückstellkraft erzeugt (*Bild 2.2*). In die beiden Kennfelder des Proportionalmagneten ist zusätzlich die Federkennlinie eingetragen. Je weiter der Anker nach rechts wandert, um so größer wird die Federkraft.

- Bei geringem Strom ist die Kraft auf den Anker klein. Dementsprechend ist die Feder fast entspannt (*Bild 2.2a*).

- Vergößert man den elektrischen Strom, so steigt die Kraft auf den Anker. Der Anker bewegt sich nach rechts und preßt die Feder zusammen (*Bild 2.2b*).

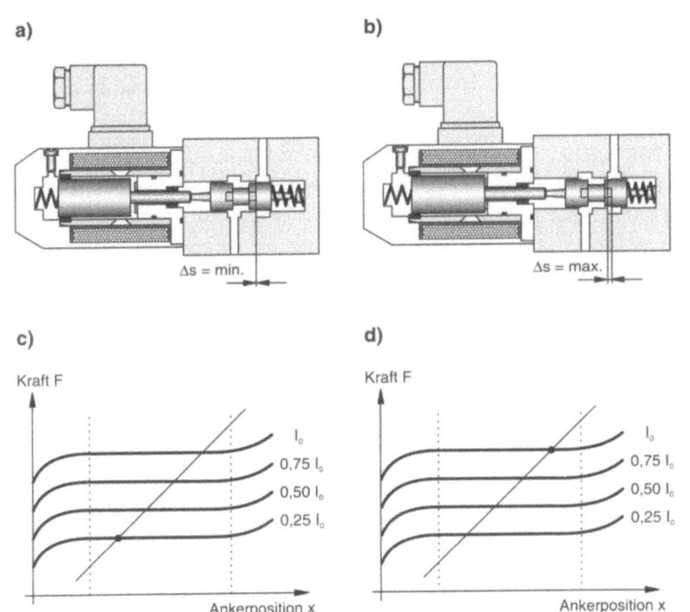

Bild 2.2
Verhalten eines
Proportionalmagneten
bei unterschiedlichen
elektrischen Strömen

Betätigung von Druck-, Drossel- und Wegeventilen

In Druckventilen ist die Feder zwischen Proportionalmagnet und Steuerkonus angebracht (*Bild 2.3a*).

- Bei geringem elektrischem Strom wird die Feder nur schwach vorgespannt. Das Ventil öffnet bereits bei einem niedrigen Druck.

- Je höher der elektrische Strom durch den Proportionalmagneten eingestellt wird, umso größer wird die Kraft auf den Anker. Er wandert nach rechts, und die Feder wird stärker vorgespannt. Der Druck, bei dem das Ventil öffnet, steigt proportional zur Vorspannkraft, d.h. proportional zur Ankerstellung und zum elektrischen Strom, an.

In Drossel- und Wegeventilen ist der Steuerschieber zwischen Proportionalmagnet und Feder angeordnet *(Bild 2.3b)*.

- Bei geringem elektrischen Strom wird die Feder nur wenig zusammengepreßt. Der Schieber steht weit links. Das Ventil ist geschlossen.

- Bei wachsendem Strom durch den Proportionalmagneten wird der Schieber nach rechts gedrückt. Ventilöffnung und Durchfluß steigen.

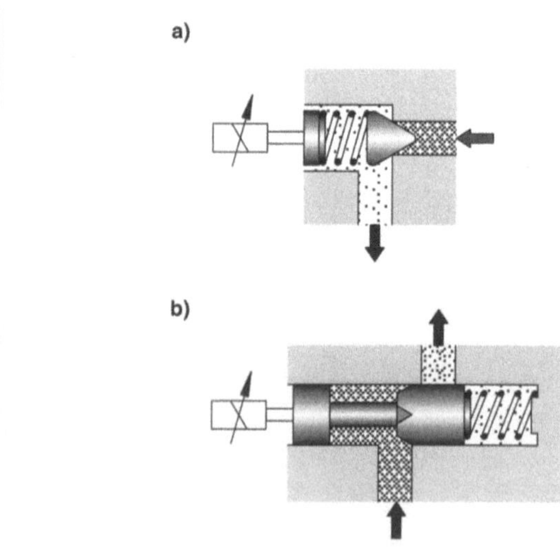

Bild 2.3
Betätigung eines Druck-
und eines Drosselventils

Lageregelung des Ankers

Magnetisierungseffekte, Reibung und Strömungskräfte beeinträchtigen das Verhalten des Proportionalventils. Sie führen dazu, daß die Stellung des Ankers nicht genau proportional zum elektrischen Strom ist.

Eine erhebliche Verbesserung der Genauigkeit erzielt man durch eine Regelung der Ankerposition (*Bild 2.4*).

- Die Stellung des Ankers wird mit einem induktiven Meßsystem gemessen.

- Das Meßsignal x wird mit dem Eingangssignal y verglichen.

- Die Differenz zwischen Eingangssignal y und Meßsignal x wird verstärkt.

- Es wird ein elektrischer Strom I erzeugt, der auf den Proportionalmagneten wirkt.

- Der Proportionalmagnet erzeugt eine Kraft, die die Position des Ankers so verändert, daß sich die Abweichung zwischen Eingangssignal y und Meßsignal x verringert.

Proportionalmagnet und Wegmeßsystem bilden eine Einheit, die an das Ventil angeflanscht wird.

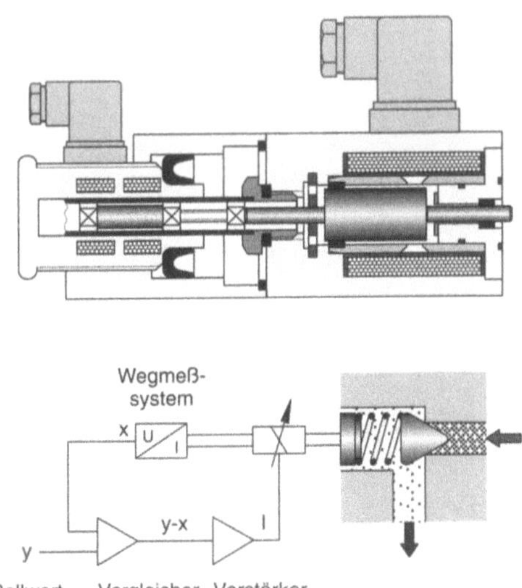

Bild 2.4
Aufbau eines
lagegeregelten
Proportionalmagneten

2.2 Aufbau und Funktionsweise von Proportional-Druckventilen

Mit einem Proportional-Druckventil kann der Druck in einer hydraulischen Anlage über ein elektrisches Signal verstellt werden.

Druckbegrenzungsventil

Bild 2.5 zeigt ein vorgesteuertes Druckbegrenzungsventil. Es besteht aus einer Vorstufe mit Sitzventil und einer Hauptstufe mit einem Steuerschieber. Der Druck am Anschluß P wirkt über die Bohrung im Steuerschieber auf den Vorsteuerkegel. Der Proportionalmagnet übt die elektrisch einstellbare Gegenkraft aus.

- Ist die Kraft des Proportionalmagneten höher als die vom Druck am Anschluß P ausgeübte Kraft, so bleibt die Vorstufe geschlossen. Die Feder hält den Steuerschieber der Hauptstufe in der unteren Position. Der Durchfluß ist Null.

- Übersteigt die Kraft, die der Druck ausübt, die Schließkraft des Vorsteuerkegels, so öffnet dieser. Es enteht ein geringer Volumenstrom vom Anschluß P über den Anschluß Y zum Tank. Der Flüssigkeitsstrom verursacht einen Druckabfall über der Drossel im Innern des Steuerschiebers. Dadurch wird der Druck auf der oberen Seite des Steuerschiebers kleiner als der Druck auf seiner Unterseite. Die Druckdifferenz verursacht eine resultierende Kraft. Der Steuerschieber wandert soweit nach oben, bis die Rückstellfeder diese Kraft ausgleicht. Die Steuerkante der Hauptstufe öffnet, so daß Anschluß P und T verbunden werden. Die Druckflüssigkeit fließt über den Anschluß T zum Tank ab.

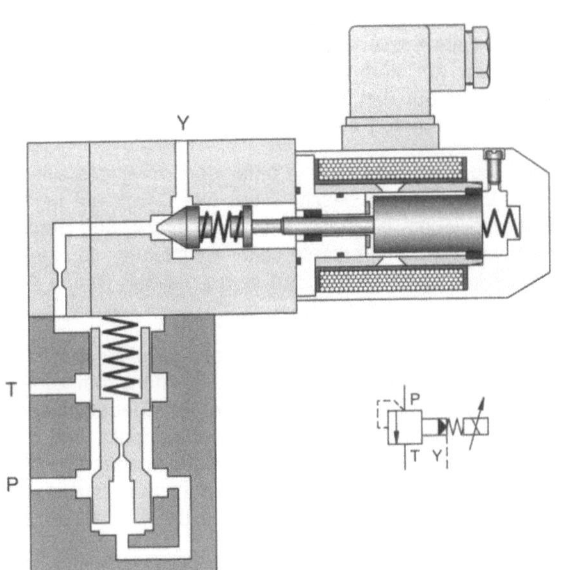

Bild 2.5
Vorgesteuertes
Proportional-Druck-
begrenzungsventil

Druckregelventil

In *Bild 2.6* ist ein vorgesteuertes 2-Wege-Druckregelventil dargestellt. Die Vorstufe ist als Sitzventil ausgeführt, die Hauptstufe als Schieberventil. Der Druck am Verbraucheranschluß A wirkt über die Bohrung im Steuerschieber auf den Vorsteuerkegel. Die Gegenkraft wird über den Proportionalmagneten eingestellt.

- Liegt der Druck am Anschluß A unter dem voreingestellten Wert, so bleibt die Vorsteuerung geschlossen. Der Druck auf beiden Seiten des Steuerschiebers ist gleich. Die Feder drückt den Steuerschieber nach unten. Die Steuerkante der Hauptstufe ist geöffnet. Die Druckflüssigkeit kann ungehindert vom Anschluß P zum Anschluß A strömen.

- Übersteigt der Druck am Anschluß A den voreingestellten Wert, öffnet die Vorstufe, so daß ein geringer Volumenstrom zum Anschluß Y fließt. Es fällt Druck über der Drossel im Steuerschieber ab. Die Kraft auf der Oberseite des Steuerschiebers sinkt, und der Steuerschieber bewegt sich nach oben. Der Öffnungsquerschnitt wird verringert. Als Folge erhöht sich der Strömungswiderstand der Steuerkante zwischen Anschluß P und Anschluß A. Der Druck am Anschluß A sinkt.

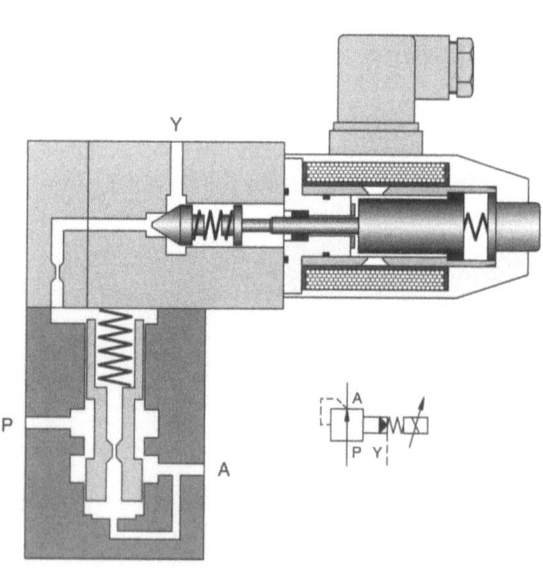

Bild 2.6
Vorgesteuertes
Proportional-
Druckregelventil

Proportional-Drosselventil

Mit einem Proportional-Drosselventil wird der Drosselquerschnitt in einer hydraulischen Anlage elektrisch verstellt, um den Volumenstrom zu verändern.

Ein Proportional-Drosselventil ist ähnlich aufgebaut wie ein schaltendes 2/2-Wegeventil oder ein schaltendes 4/2-Wegeventil.

Beim direktgesteuerten Proportional-Drosselventil (*Bild 2.7*) wirkt der Proportionalmagnet unmittelbar auf den Steuerschieber.

- Bei geringem Strom durch den Proportionalmagneten sind beide Steuerkanten geschlossen.

- Je höher der elektrische Strom durch den Proportionalmagneten ist, umso größer wird die Kraft auf den Schieber. Der Schieber wandert nach rechts und öffnet die Steuerkanten.

Der Strom durch den Magneten und die Auslenkung des Schiebers sind zueinander proportional.

2.3 Aufbau und Funktionsweise von Proportional-Drossel- und -Wegeventilen

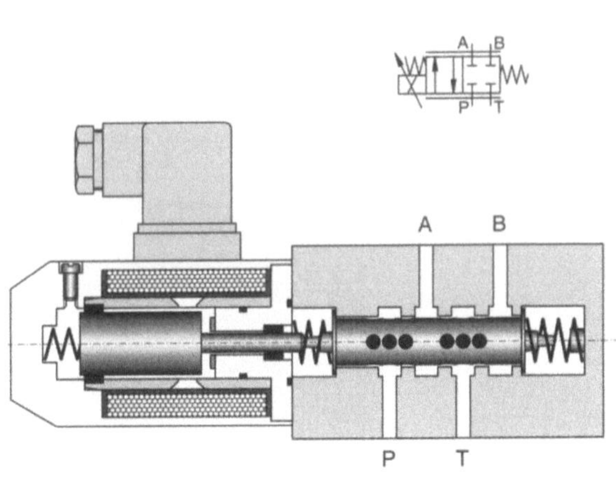

Bild 2.7
Direktgesteuertes Proportional-Drosselventil ohne Lageregelung

Direktgesteuertes Proportional-Wegeventil

Ein Proportional-Wegeventil ähnelt im Aufbau einem schaltenden 4/3-Wegeventil. Es vereint zwei Funktionen:

- elektrisch verstellbare Drossel (wie Proportional-Drosselventil),

- Verbindung jedes Verbraucheranschlusses entweder mit P oder mit T (wie schaltendes 4/3-Wegeventil).

Bild 2.8 zeigt ein direktgesteuertes Proportional-Wegeventil.

- Ist das elektrische Signal gleich Null, so sind beide Magnete stromlos. Der Schieber wird über die Federn zentriert. Alle Steuerkanten sind geschlossen.

- Wird das Ventil durch eine negative Spannung angesteuert, so fließt Strom durch den rechten Magneten. Der Schieber wandert nach links. Die Anschlüsse P und B sowie A und T werden miteinander verbunden. Der Strom durch den Magneten und die Auslenkung des Schiebers sind zueinander proportional.

- Bei positiver Spannung fließt Strom durch den linken Magneten. Der Schieber wandert nach rechts. Die Anschlüsse P und A sowie B und T werden miteinander verbunden. Auch in diesem Betriebszustand sind elektrischer Strom und Auslenkung des Schiebers zueinander proportional.

Bei Ausfall der elektrischen Energie geht der Schieber in Mittelstellung, so daß alle Steuerkanten geschlossen werden (Fail-Safe-Stellung).

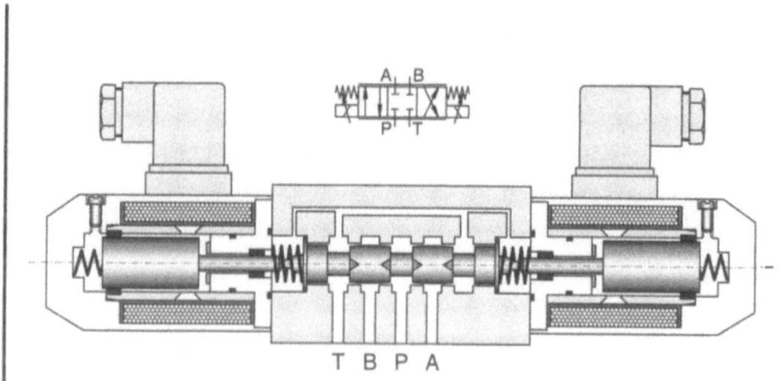

Bild 2.8
Direktgesteuertes
Proportional-Wegeventil
ohne Lageregelung

Vorgesteuertes Proportional-Wegeventil

Bild 2.9 zeigt ein vorgesteuertes Proportional-Wegeventil. Als Vorsteuerung dient ein 4/3-Wege-Proportionalventil. Mit diesem Ventil wird der Druck auf den Stirnflächen des Steuerschiebers der Hauptstufe verändert. Dadurch wird der Steuerschieber der Hauptstufe ausgelenkt, und die Steuerkanten öffnen. Beide Stufen sind bei dem hier gezeigten Ventil lagegeregelt, um eine größere Genauigkeit zu erzielen.

Bei Ausfall der elektrischen oder der hydraulischen Energie geht der Steuerschieber der Hauptstufe in Mittelstellung. Alle Steuerkanten werden geschlossen (Fail-Safe-Stellung).

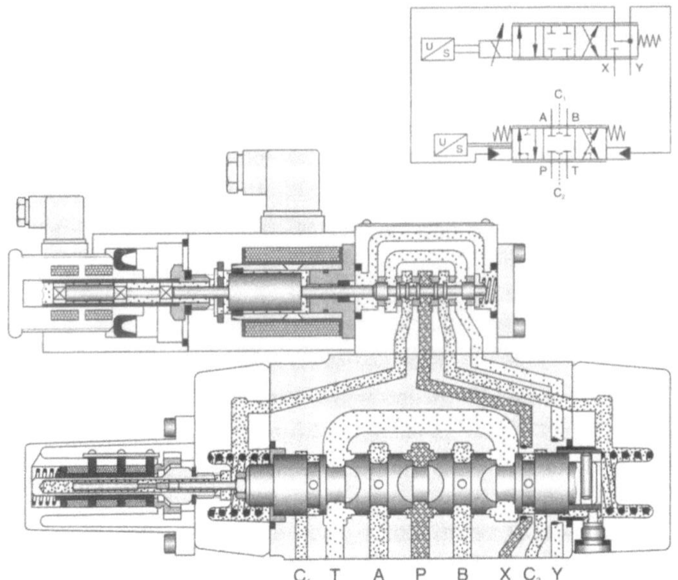

Bild 2.9
Vorgesteuertes
Proportional-Wegeventil
mit Lageregelung

Statt eines 4/3-Wegeventils können auch zwei 3-Wege-Druckregelventile zur Vorsteuerung verwendet werden. Jedes Druckventil steuert den Druck auf einer Stirnfläche des Steuerschiebers der Hauptstufe.

Vor- und Nachteile vorgesteuerter Proportionalventile

Die Kraft zur Betätigung der Hauptstufe wird beim vorgesteuerten Ventil hydraulisch erzeugt. Lediglich die geringere Betätigungskraft für die Vorstufe muß vom Proportionalmagneten aufgebracht werden. Daraus resultiert als Vorteil, daß sich mit einem geringen elektrischen Strom und einem kleinen Proportionalmagneten eine hohe hydraulische Leistung steuern läßt. Nachteilig wirkt sich der zusätzliche Öl- und Energieverbrauch der Vorsteuerung aus.

Proportional-Wegeventile bis zur NW 10 werden in erster Linie direktgesteuert realisiert. Ventile mit größerer Nennweite werden bevorzugt vorgesteuert aufgebaut. Ventile mit sehr großer Nennweite für extreme Durchflüsse können drei- oder vier Stufen aufweisen.

2.4 Aufbau und Funktionsweise von Proportional-Stromregelventilen

Bei Proportional-Drossel- und -Wegeventilen hängt der Durchfluß von zwei Einflußfaktoren ab:

- der Öffnung der Steuerkante, die über das Stellsignal vorgegeben wird,

- dem Druckabfall über dem Ventil.

Um sicherzustellen, daß der Durchfluß nur vom Stellsignal beeinflußt wird, muß der Druckabfall über der Steuerkante konstant gehalten werden. Dies wird durch eine zusätzliche Druckwaage erreicht. Zur Realisierung gibt es verschiedene Möglichkeiten:

- Druckwaage und Steuerkante werden in einem Stromregelventil vereinigt.

- Die zwei Komponenten werden in Verkettungstechnik miteinander kombiniert.

Bild 2.10 zeigt einen Schnitt durch ein 3-Wege-Proportional-Stromregelventil. Der Proportionalmagnet wirkt auf den linken Schieber. Je höher der elektrische Strom durch den Proportionalmagneten eingestellt wird, umso weiter öffnet die Steuerkante A-T und umso größer ist der Volumenstrom.

Der rechte Schieber ist als Druckwaage ausgebildet. Auf die linke Seite des Schiebers wirkt der Druck am Anschluß A, auf die rechte Seite die Federkraft und der Druck am Anschluß T.

- Ist der Volumenstrom durch das Ventil zu hoch, steigt der Druckabfall an der Steuerkante, d.h. die Druckdifferenz A-T. Der Steuerschieber der Druckwaage wandert nach rechts und verringert den Strömungsquerschnitt an der Steuerkante T-B. Dies führt zur erwünschten Verringerung des Durchflusses zwischen A und B.

- Ist der Volumenstrom zu niedrig, sinkt der Druckabfall an der Steuerkante, und der Steuerschieber der Druckwaage wandert nach links. Der Strömungsquerschnitt an der Steuerkante T-B steigt. Der Durchfluß wächst an.

Damit ist der Durchfluß A-B unabhängig von Druckschwankungen an beiden Anschlüssen.

Wird der Anschluß P verschlossen, arbeitet das Ventil als 2-Wege-Stromregler. Wird der Anschluß P mit dem Tank verbunden, wirkt das Ventil als 3-Wege-Stromregler.

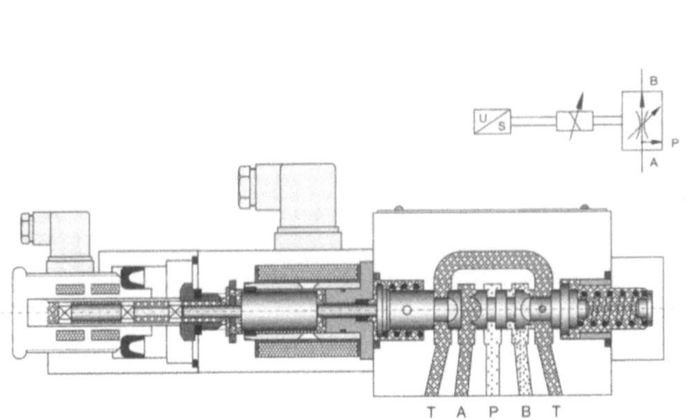

Bild 2.10
Proportional-
Stromregelventil

2.5 Proportional-ventil-Bauformen: tabellarische Übersicht

Proportionalventile unterscheiden sich bezüglich Ventiltyp, Steuerungs-art und Bauform des Proportionalmagneten (Tabelle 2.1). Jede Kombination aus Tabelle 2.1 ergibt eine Ventilbauform, z.B.

- ein direktgesteuertes 2/2-Wege-Proportional-Drosselventil ohne Lageregelung,

- ein vorgesteuertes 4/3-Wege-Proportionalventil mit Lageregelung,

- ein direktgesteuertes 2-Wege-Proportional-Stromregelventil mit Lageregelung.

Ventiltypen	- Druckventile	Druckbegrenzungsventil 2-Wege-Druckregelventil 3-Wege-Druckregel*ventil*
	- Drosselventile	4/2-Wege-Drosselventil 2/2-Wege-Drosselventil
	- Wegeventile	4/3-Wegeventil 3/3-Wegeventil
	- Stromregelventile	2-Wege-Stromregelventil 3-Wege-Stromregelventil
Steuerungsart	- direktgesteuert - vorgesteuert	
Proportionalmagnet	- ohne Lageregelung - lagegeregelt	

Tabelle 2.1
Unterscheidungskriterien
für Proportionalventile

Kapitel 3

Proportionalventile: Kennlinien und Kenngrößen

Tabelle 3.1 gibt eine Übersicht über Proportionalventile und Größen, die mit Proportionalventilen in einer Hydraulikanlage beeinflußt werden.

Ventiltypen	Eingangsgröße	Ausgangsgröße
Druckventil	elektr. Strom	Druck
Drosselventil	elektr. Strom	Öffnung des Ventils, Durchluß (druckabhängig)
Wegeventil	elektr. Strom	Öffnung des Ventils Durchströmungsrichtung Durchfluß (druckabhängig)
Stromregelventil	elektr. Strom	Durchfluß (druckunabhängig)

*Tabelle 3.1
Proportionalventile:
Eingangs- und
Ausgangsgrößen*

Der Zusammenhang zwischen dem Eingangssignal (elektrischer Strom) und dem Ausgangssignal (Druck, Öffnung, Durchströmungsrichtung oder Durchfluß) läßt sich grafisch darstellen. Dazu werden die Signale in ein Diagramm eingetragen:

- in X-Richtung das Eingangssignal,

- in Y-Richtung das Ausgangssignal.

Bei proportionalem Verhalten verläuft die Kennlinie linear *(Bild 3.1)*. Die Kennlinien realer Ventile weichen von diesem Verhalten ab.

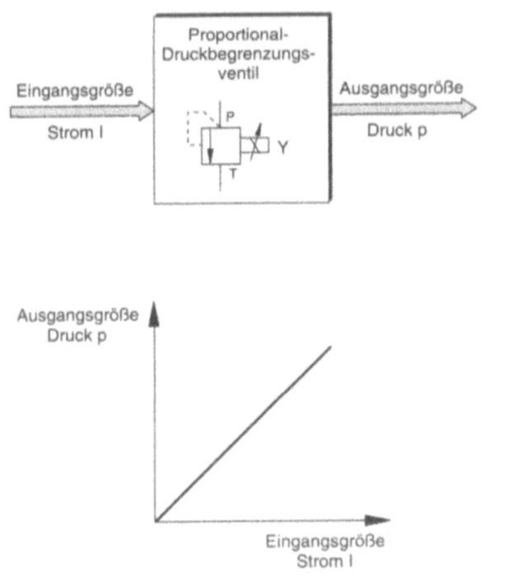

*Bild 3.1
Kennlinie eines
Proportional-Druck-
begrenzungsventils*

**3.2 Hysterese,
Umkehrspanne und
Ansprechschwelle**

Durch Reibung des Schiebers und die Magnetisierungseffekte treten Abweichungen vom idealen Verhalten auf, wie:

- die Ansprechschwelle,

- die Umkehrspanne,

- die Hysterese.

Ansprechschwelle

Wird der elektrische Strom durch den Proportionalmagnet vergrößert, bewegt sich der Anker des Proportionalmagneten. Sobald sich der Strom nicht mehr verändert *(Bild 3.2a)*, bleibt der Anker stehen. Anschließend muß der Strom um einen Mindestbetrag vergrößert werden, ehe sich der Anker wieder bewegt. Die erforderliche Mindeständerung heißt Ansprechschwelle bzw. Ansprechempfindlichkeit. Sie tritt ebenfalls auf, wenn der Strom verringert wird und sich der Anker in der anderen Richtung bewegt.

Umkehrspanne

Wird das Eingangssignal zunächst in positiver und anschließend in negativer Richtung verändert, so ergeben sich im Diagramm zwei unterschiedliche Kurvenäste *(Bild 3.2b)*. Der Abstand der beiden Äste wird als Umkehrspanne bezeichnet. Die gleiche Umkehrspanne ergibt sich, wenn der Strom zunächst in negativer und anschließend in positiver Richtung verändert wird.

Hysterese

Verändert man den Strom vor- und rückwärts über den gesamten Stellbereich, wird der Abstand der Kennlinienäste maximal. Den größten Abstand der beiden Äste bezeichnet man als Hysterese *(Bild 3.2c)*.
Durch die Lageregelung verringern sich die Werte von Ansprechschwelle, Umkehrspanne und Hysterese. Typische Werte für diese drei Größen liegen bei

- 3 bis 6% des Stellbereichs für ungeregelte Ventile

- 0,2 bis1% des Stellbereichs für lagegeregelte Ventile

Rechenbeispiel für ein Drosselventil ohne Lageregelung:
Hysterese: 5% des Stellbereichs,
Stellbereich: 0...10 V

Abstand der Kennlinienäste = (10 V - 0 V) 5% = 0,5 V

a) Ansprechschwelle

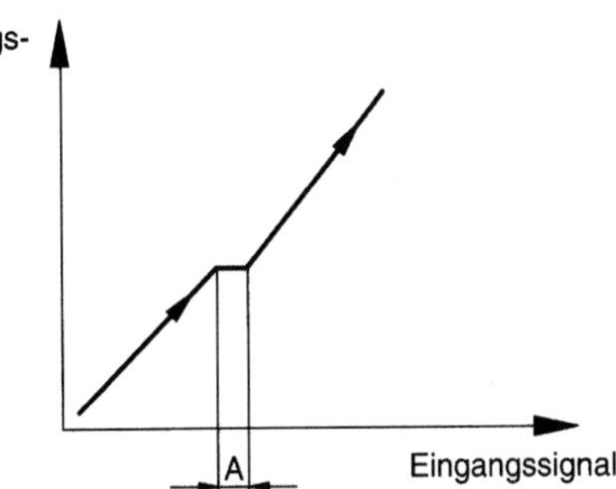

b) Umkehrspanne

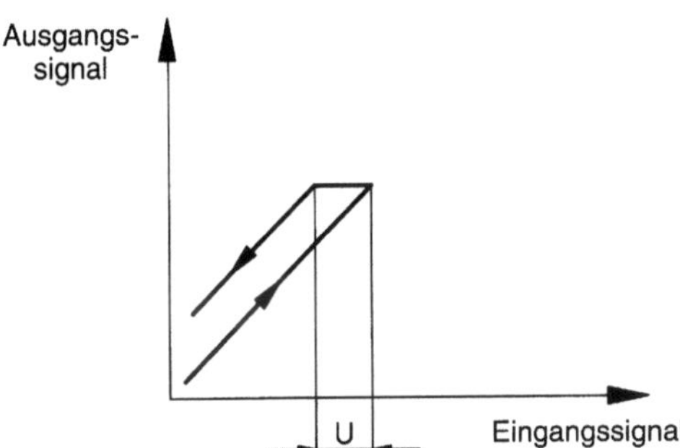

c) Hysterese

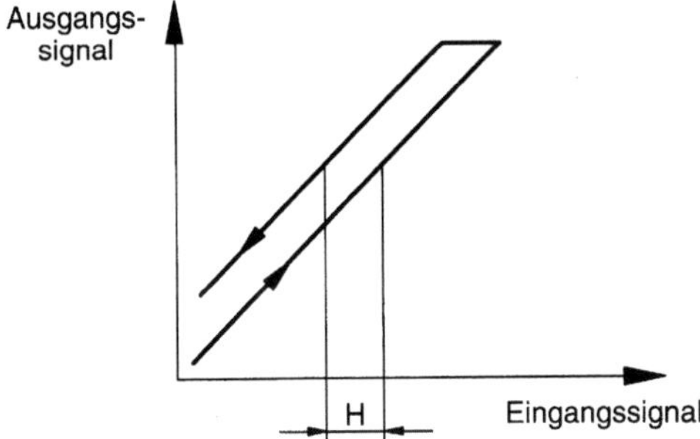

Bild 3.2
Ansprechschwelle,
Umkehrspanne und
Hysterese

3.3 Kennlinien von Druckventilen

Das Verhalten von Druckventilen wird durch die Druck-Signalfunktion beschrieben. Aufgetragen werden:

- in X-Richtung der elektrische Strom
- in Y-Richtung der Druck am Ausgang des Ventils.

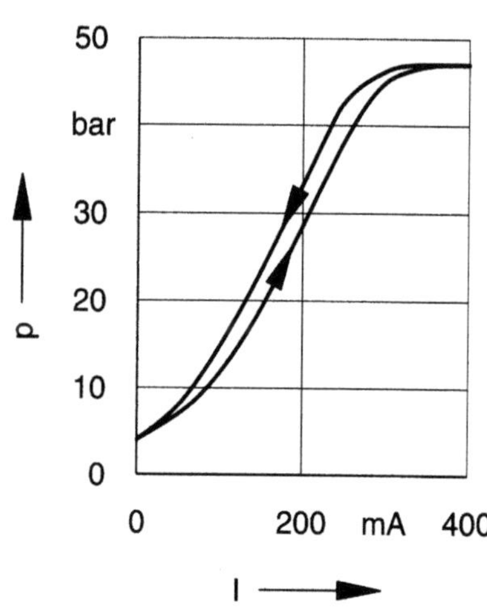

Bild 3.3
Druck-Signalfunktion
eines vorgesteuerten
Druckbegrenzungsventils

3.4 Kennlinien von Drossel- und Wegeventilen

Bei Drossel- und Wegeventilen ist die Auslenkung des Schiebers proportional zum elektrischen Strom durch den Magneten *(Bild 2.7)*.

Durchfluß-Signalfunktion

Der Meßaufbau zur Ermittlung der Durchfluß-Signalfunktion ist in *Bild 3.4* dargestellt. Bei der Messung wird der Druckabfall über dem Ventil konstant gehalten. Aufgetragen wird

- in X-Richtung der Strom, mit dem der Proportionalmagnet angesteuert wird,
- in Y-Richtung der Durchfluß durch das Ventil.

Der Durchfluß steigt nicht nur mit wachsendem Strom durch den Magneten, sondern auch mit wachsendem Druckabfall über dem Ventil. Deshalb, wird in den Datenblättern die Druckdifferenz angegeben, bei der die Messung durchgeführt wurde. Üblich sind 5 bar, 8 bar oder 35 bar Druckabfall pro Steuerkante.

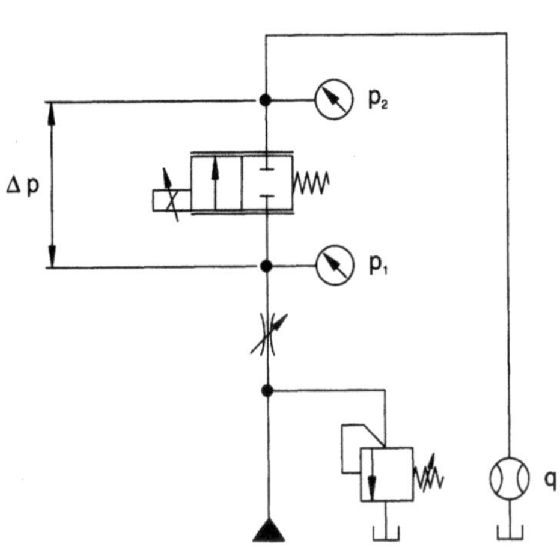

Bild 3.4
Messung der Durchfluß-
Signalfunktion

Weitere Einflußgrößen auf die Durchfluß-Signalfunktion sind

- die Überdeckung,

- die Form der Steuerkanten.

Überdeckung

Die Überdeckung der Steuerkanten beeinflußt die Durchfluß-Signalfunktion. *Bild 3.5* verdeutlicht den Zusammenhang zwischen Überdeckung und Durchfluß-Signalfunktion am Beispiel eines Proportional-Wegeventils:

- Bei positiver Überdeckung bewirkt ein geringer elektrischer Strom zwar eine Verschiebung des Steuerschiebers, der Durchfluß bleibt aber Null. Dies hat eine Totzone in der Durchfluß-Signalfunktion zur Folge.

- Bei Nullüberdeckung verläuft die Durchfluß-Signalfunktion im Kleinsignalbereich linear.

- Bei negativer Überdeckung hat die Durchfluß-Signalfunktion im Bereich geringer Ventilöffnungen eine vergrößerte Steigung.

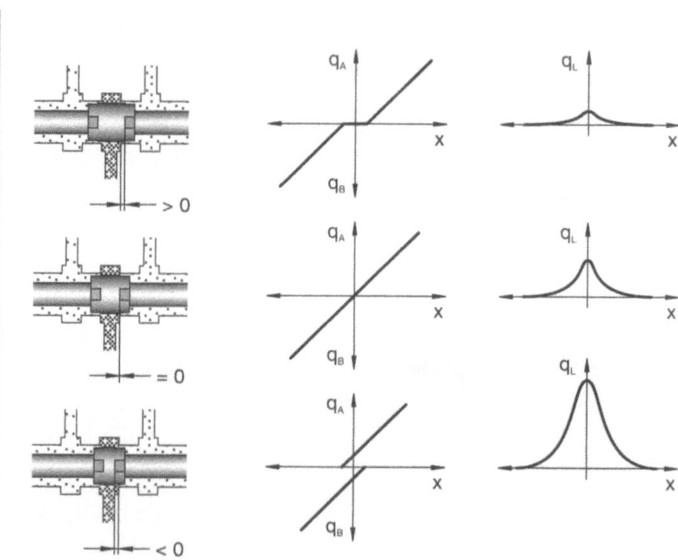

Bild 3.5
Überdeckung und
Durchfluß-Signalfunktion

In der Praxis weisen Proportionalventile meist eine positive Überdeckung auf. Dies ist aus folgenden Gründen zweckmäßig:

- Die Leckage im Ventil ist bei Schiebermittelstellung wesentlich kleiner als bei Nullüberdeckung und negativer Überdeckung.

- Bei Energieausfall wandert der Steuerschieber durch die Federkraft in Mittelstellung (Fail-Safe-Stellung). Nur bei positiver Überdeckung erfüllt das Ventil die Anforderung, die Verbraucheranschlüsse in dieser Stellung sicher abzusperren.

- An die Fertigungsgenauigkeit von Steuerschieber und Gehäuse werden geringere Anforderungen gestellt als bei Nullüberdeckung.

Steuerkantengeometrie

Die Steuerkanten des Ventilschiebers können unterschiedlich geformt sein. Variiert werden (*Bild 3.6*):

- die Form der Steuerkanten,

- die Anzahl der Öffnungen am Umfang,

- der Schieberkörper (massiv oder gebohrte Hülse).

Die gebohrte Hülse läßt sich am einfachsten und kostengünstigsten produzieren.

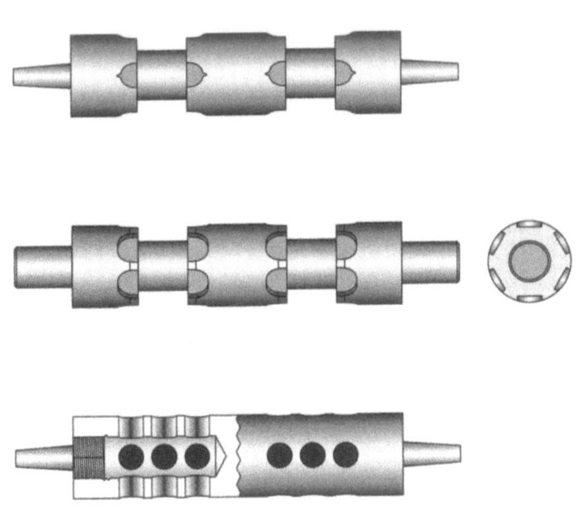

Bild 3.6
Schieber mit
unterschiedlicher
Steuerkantengeometrie

Sehr häufig verwendet wird die dreieckförmige Steuerkante. Ihre Vorteile sollen an einem handbetätigten Wegeventil verdeutlicht werden:

- Bei geschlossem Ventil ist die Leckage aufgrund der Überdeckung und der dreieckförmigen Öffnungen minimal.

- Im Bereich kleiner Öffnungen bewirken Bewegungen des Hebels nur geringe Durchflußänderungen. Der Durchfluß läßt sich in diesem Bereich sehr feinfühlig steuern.

- Im Bereich großer Öffnungen erreicht man mit kleinen Hebelausschlägen eine große Durchflußänderung.

- Wird der Hebel bis zum Anschlag bewegt, erhält man eine große Ventilöffnung. Ein angeschlossener Hydraulikantrieb erreicht eine hohe Geschwindigkeit.

Ebenso wie der Handhebel erlaubt auch der Proportionalmagnet eine kontinuierliche Ventilverstellung. Sämtliche Vorteile der dreieckförmigen Steuerkantengeometrie gelten deshalb auch für das elektrisch betätigte Proportionalventil.

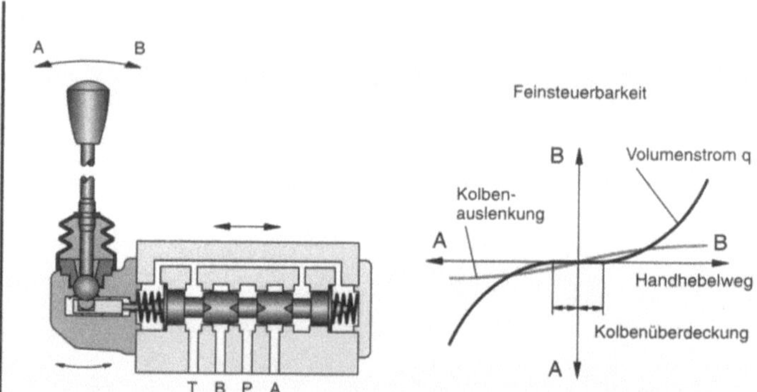

*Bild 3.7
Handbetätigtes Ventil
mit dreieckförmiger
Steuerkante*

Bild 3.8 zeigt die Durchfluß-Signalfunktionen für zwei unterschiedliche Steuerkantengeometrien:

- Bei geringem elektrischen Strom bleiben beide Steuerkanten wegen der positiven Überdeckung verschlossen.

- Die rechteckförmige Steuerkante bewirkt einen annähernd linearen Verlauf der Kennlinie.

- Die dreieckförmige Steuerkante hat eine parabelförmige Durchfluß-Signalfunktion zur Folge.

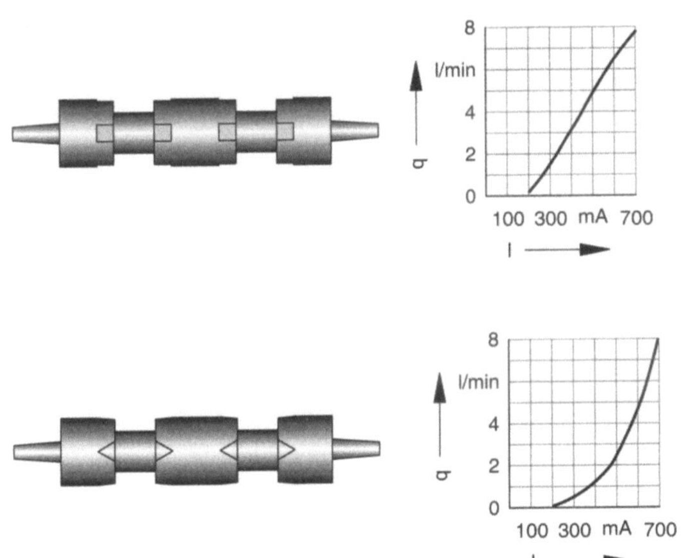

Bild 3.8
Durchfluß-Signalfunktionen
für zwei unterschiedliche
Schiebergeometrien

3.5 Kenngrößen der Ventildynamik

Für viele Anwendungen werden Proportionalventile benötigt, die den Änderungen des elektrischen Eingangssignals nicht nur genau, sondern auch schnell nachfolgen können. Die Reaktionsschnelligkeit eines Proportionalventils kann durch zwei Kennwerte angegeben werden:

1. Stellzeit:

   bezeichnet die Zeit, die das Ventil braucht, um auf eine Änderung der Stellgröße zu reagieren. Schnelle Ventile weisen eine kleine Stellzeit auf.

2. Grenzfrequenz:

   gibt an, wievielen Signaländerungen pro Sekunde das Ventil noch folgen kann. Schnelle Ventile weisen eine hohe Grenzfrequenz auf.

Stellzeit

Die Stellzeit eines Proportionalventils wird wie folgt bestimmt:

- Das Stellsignal wird sprungförmig geändert.

- Es wird die Zeit gemessen, die das Ventil zum Erreichen der neuen Ausgangsgröße braucht.

Bei großen Signaländerungen verlängert sich die Stellzeit (*Bild 3.9*). Viele Ventile weisen außerdem eine unterschiedliche Stellzeit für positive und negative Stellsignaländerung auf.

Die Stellzeiten von Proportionalventilen liegen zwischen ca. 10 ms (schnelles Ventil, kleine Stellsignaländerung) und ca. 100 ms (langsames Ventil, große Stellsignaländerung).

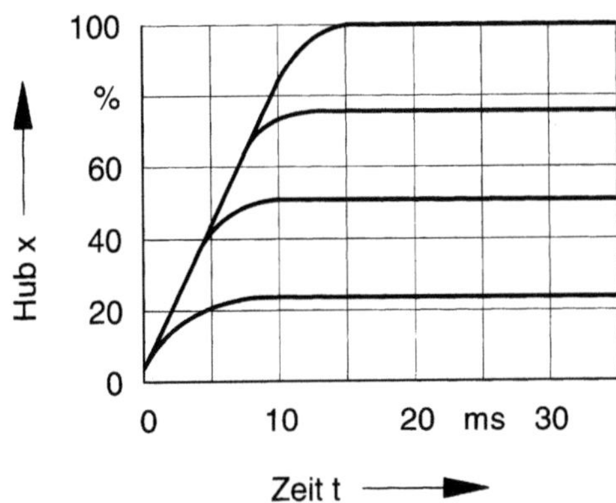

Bild 3.9
Stellzeit für
unterschiedliche Sprünge
des Stellsignals
(Proportional-Wegeventil)

Frequenzgangmessung

Um die Grenzfrequenz eines Ventils angeben zu können, muß zunächst der Frequenzgang gemessen werden.

Zur Messung des Frequenzgangs wird das Ventil mit einem sinusförmigen Stellsignal angesteuert. Die Stellgröße und die Schieberposition werden grafisch mit einem Oszilloskop dargestellt. Der Ventilschieber schwingt mit der gleichen Frequenz wie das Stellsignal (*Bild 3.10*).

Wird die Ansteuerfrequenz bei gleichbleibender Ansteueramplitude erhöht, dann vergrößert sich auch die Frequenz, mit der der Schieber schwingt. Bei sehr hohen Frequenzen kann der Schieber den Stellsignaländerungen nicht mehr folgen. Die Amplitude A2 in *Bild 3.10e* ist deutlich kleiner als die Amplitude A1 in *Bild 3.10d*.

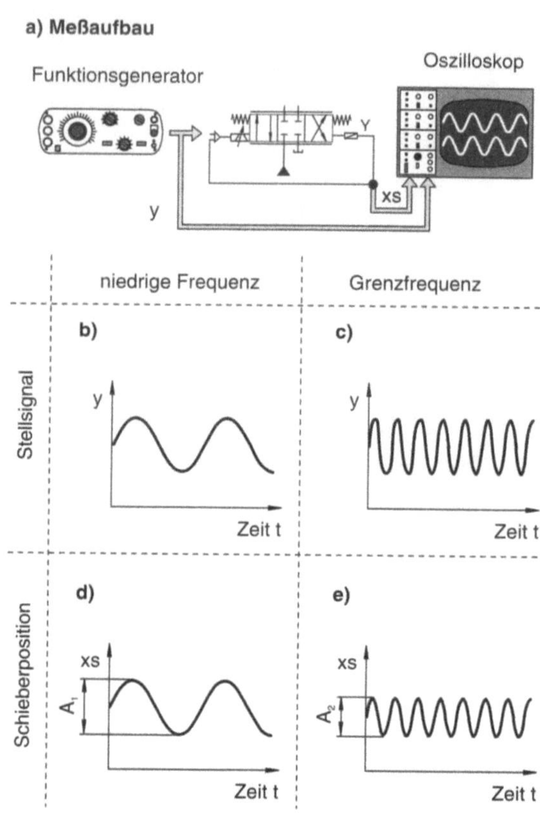

Bild 3/10:
Messung des Frequenz-
gangs bei einem
Proportional-Wegeventil

Der Frequenzgang eines Ventils besteht aus zwei Diagrammen:

- dem Amplitudengang,
- dem Phasengang.

Amplitudengang

Das Verhältnis der Amplitude bei Meßfrequenz zur Amplitude bei einer sehr kleinen Frequenz wird in dB angegeben und im logarithmischen Maßstab aufgetragen. Ein Amplitudenverhältnis von -20 dB bedeutet, daß die Amplitude auf ein Zehntel der Amplitude bei kleiner Frequenz abgesunken ist. Trägt man die Amplitude für sämtliche Meßwerte gegen die Meßfrequenz auf, so erhält man den Amplitudengang (*Bild 3.11*).

Phasengang

Die Verzögerung des Ausgangssignals gegenüber dem Eingangssignal wird in Grad angegeben. 360 Grad Phasenverschiebung bedeuten, daß das Ausgangssignal dem Eingangssignal um eine ganze Periode nacheilt. Trägt man sämtliche Phasenwerte gegen die Meßfrequenz auf, so erhält man den Phasengang (*Bild 3.11*).

Frequenzgang und Stellsignalamplitude

Bei 10% Stellgrößenamplitude (= 1 Volt) muß der Steuerschieber nur einen kleinen Weg zurücklegen. Dementsprechend kann der Steuerschieber auch Signaländerungen mit einer hohen Frequenz folgen. Amplituden und Phasengang knicken erst bei einer hohen Frequenz aus der Waagerechten ab (*Bild 3.11*).
Bei 90% Stellgrößenamplitude (= 9 Volt) ist der erforderliche Weg neun mal so groß. Dementsprechend kann der Steuerschieber den Stellsignaländerungen schlechter folgen. Amplituden- und Phasengang knicken schon bei einer geringeren Frequenz aus der Waagerechten ab (*Bild 3.11*).

Grenzfrequenz

Die Grenzfrequenz wird aus dem Amplitudengang abgelesen. Sie ist die Frequenz, bei der der Amplitudengang auf 70,7% oder -3 dB abgefallen ist.
Aus dem Frequenzgang *Bild 3.11* ergibt sich eine Grenzfrequenz von ca. 65 Hertz bei 10% der maximal möglichen Stellsignalamplitude. Für 90% Stellsignalamplitude liegt die Grenzfrequenz bei ca. 23 Hertz.
Die Grenzfrequenzen von Proportionalventilen liegen zwischen ca. 5 Hertz (langsames Ventil, große Stellsignalamplitude) und ca. 100 Hertz (schnelles Ventil, kleine Stellsignalamplitude).

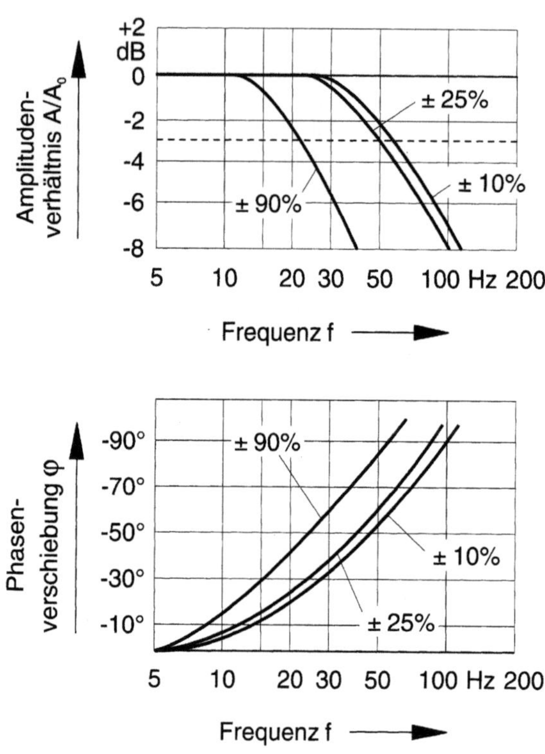

*Bild 3.11
Frequenzgang eines
Proportional-Wegeventils*

3.6 Einsatzgrenzen von Proportionalventilen

Die Einsatzgrenzen eines Proportionalventils werden bestimmt durch

- die Druckfestigkeit des Ventilgehäuses,
- die maximal zulässige Strömungskraft auf den Ventilschieber.

Wird die Strömungskraft zu groß, so reicht die Kraft des Proportionalmagneten nicht aus, um den Ventilschieber in der gewünschten Position zu halten. Das Ventil nimmt dann einen undefinierten Zustand ein.

Die Einsatzgrenzen werden vom Hersteller entweder als Zahlenwerte für Druck und Volumenstrom oder als Diagramm angegeben.

Kapitel 4

Verstärker und Sollwertvorgabe

Das Stellsignal für ein Proportionalventil wird durch eine elektronische Schaltung erzeugt. *Bild 4.1* zeigt den Signalfluß zwischen Steuerung und Proportionalmagnet. Es lassen sich zwei Funktionen unterscheiden:

- Sollwertvorgabe:
  Die Stellgröße (= Sollwert) wird durch eine Elektronik erzeugt. Das Stellsignal wird als elektrische Spannung ausgegeben. Da nur ein minimaler Strom fließt, kann ein Proportionalmagnet nicht direkt betätigt werden.

- Verstärker:
  Der elektrische Verstärker wandelt die elektrische Spannung als Eingangssignal in einen elektrischen Strom als Ausgangssignal um. Er stellt die zur Ventilbetätigung benötigte elektrische Leistung zur Verfügung.

Bild 4.1
Signalfluß zwischen
Steuerung und Proportio-
nalmagnet (schematisch)

Baugruppen

Sollwertvorgabe und Verstärker können in verschiedener Form zu elektronischen Baugruppen (Elektronikkarten) zusammengefaßt werden. Drei Beispiele sind in *Bild 4.2* dargestellt.

- Es wird eine Steuerung verwendet, die nur binäre Signale verarbeiten kann (z.B. einfache SPS). Sollwertvorgabe und Verstärker bilden separate Baugruppen (*Bild 4.2a*).

- Es wird eine SPS mit analogen Ausgängen verwendet. Die Stellgröße wird direkt erzeugt, einschließlich Sonderfunktionen wie Rampengenerierung und Quadrantenerkennung. Eine separate Elektronik zur Sollwertvorgabe ist nicht erforderlich (*Bild 4.2b*).

- Häufig finden Mischformen Verwendung. Kann die Steuerung nur konstante Spannungswerte vorgeben, werden Zusatzfunktionen, wie z.B. die Rampengenerierung, in die Verstärkerbaugruppe integriert (*Bild 4.2c*).

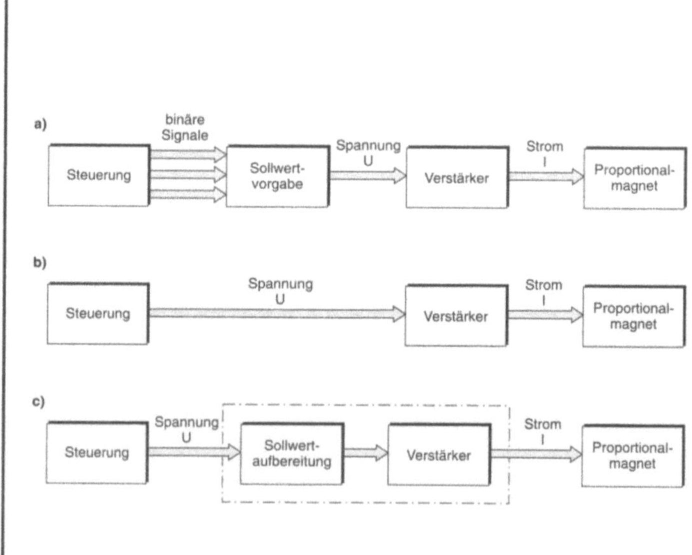

Bild 4.2
Elektronische Baugruppen
für den Signalfluß
zwischen Steuerung und
Proportionalmagnet

Bei Verstärkern für Proportionalventile unterscheidet man zwei Bauformen:

- Der Ventilverstärker ist in das Ventil eingebaut
  (integrierte Elektronik)

- Der Ventilverstärker ist als separates Modul oder separate Karte
  ausgeführt *(Bild 1.6)*.

4.1 Aufbau und Funktionsweise eines Verstärkers

Funktionen eines Verstärkers

Bild 4.3a zeigt die drei wesentlichen Funktionen eines Verstärkers für Proportionalventile:

- Korrekturglied:
  Es dient dazu, die Totzone des Ventils zu kompensieren
  (siehe Kap. 4.2).

- Pulsbreitenmodulator:
  Er dient zur Umformung (= Modulation) des Signals.

- Endstufe:
  Sie stellt die erforderliche elektrische Leistung zur Verfügung.

Für Ventile mit lagegeregeltem Proportionalmagneten sind die Sensorauswertung und die elektronische Regelung in den Verstärker integriert *(Bild 4.3b)*. Folgende Zusatzfunktionen sind erforderlich:

- Spannungsquelle:
  Sie erzeugt die Versorgungsspannung des induktiven Meßsystems.

- Demodulator:
  Er formt die vom Wegmeßsystem gelieferte Spannung um.

- Regler:
  Im Regler werden die aufbereitete Stellgröße und die Position des Ankers miteinander verglichen. Abhängig vom Ergebnis wird das Eingangssignal für die Pulsbreitenmodulation erzeugt.

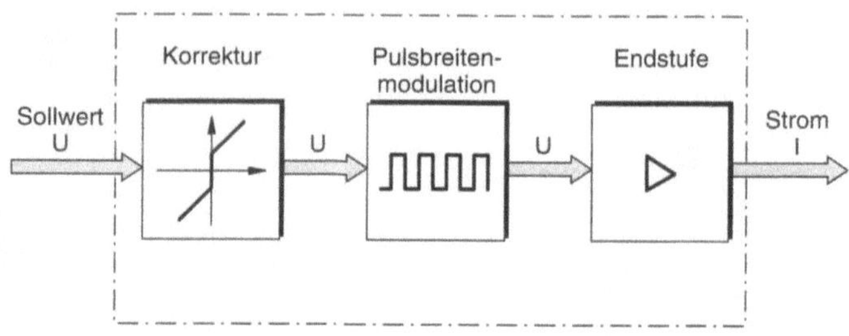

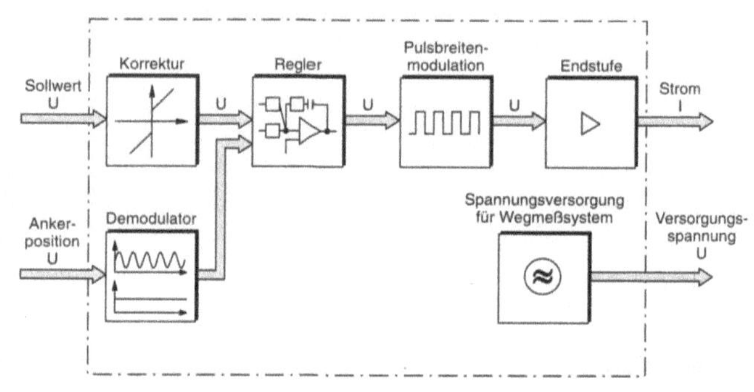

Ein- und Zweikanalverstärker

Für Ventile mit einem Proportionalmagneten reicht ein Einkanalverstärker aus. Für Wegeventile, die mit zwei Magneten betätigt werden, ist ein Zweikanalverstärker erforderlich. Abhängig vom Vorzeichen des Stellsignals wird entweder nur der linke oder nur der rechte Magnet mit Strom beaufschlagt.

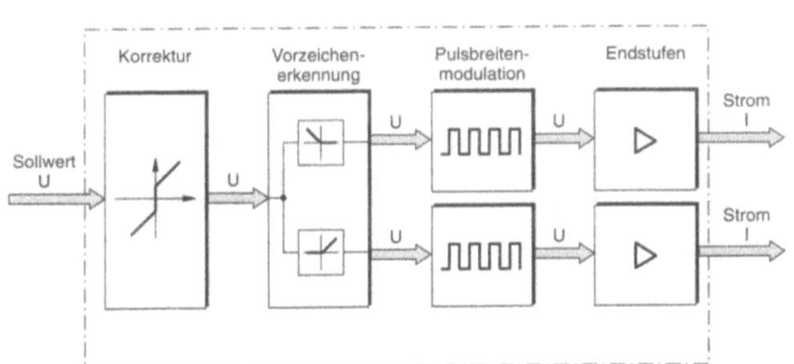

Bild 4.4
Zweikanalverstärker
(ohne Lageregelung
des Ankers)

Pulsbreitenmodulation

Bild 4.5 verdeutlicht das Prinzip der Pulsbreitenmodulation. Die elektrische Spannung wird in Pulse umgeformt. Es werden etwa zehntausend Pulse pro Sekunde erzeugt.

Nach dem Durchlaufen der Endstufe wirkt das pulsförmige Signal auf den Proportionalmagneten. Da die Spule des Proportionalmagneten eine hohe Induktivität aufweist, kann sich der Strom nicht so schnell ändern wie die elektrische Spannung. Der Strom schwankt nur geringfügig um einen Mittelwert.

- Für eine geringe elektrische Spannung als Eingangssignal werden schmale Pulse erzeugt. Der mittlere Strom in der Magnetspule ist gering.

- Je größer die elektrische Spannung wird, umso breiter werden die Pulse. Der mittlere Strom durch die Magnetspule steigt an.

Der mittlere Strom durch den Magneten und die Eingangsspannung des Verstärkers sind zueinander proportional.

Dithereffekt

Das geringfügige Pulsieren des Stromes durch die Pulsbreitenmodulation bewirkt, daß Anker und Ventilschieber mit hoher Frequenz kleine Schwingungen ausführen. Es tritt keine Haftreibung auf. Ansprechschwelle, Umkehrspanne und Hysterese des Ventils werden deutlich verringert.

Die Verringerung von Reibung und Hysterese durch ein hochfrequentes Signal bezeichnet man als Dithereffekt. Bestimmte Verstärker erlauben es dem Anwender, unabhängig von der Pulsbreitenmodulation ein zusätzliches Dithersignal zu erzeugen.

Erwärmung des Verstärkers

Durch die Pulsbreitenmodulation treten in einem Transistor der Endstufe drei Schaltzustände auf:

- Unterer Signalwert:
  Der Transistor ist gesperrt. Die Verlustleistung im Transistor ist Null, da kein Strom fließt.

- Oberer Signalwert:
  Der Transistor ist leitend. Der Widerstand des Transistors in diesem Betriebszustand ist sehr klein. Es tritt nur eine sehr geringe Verlustleistung auf.

- Signalflanken:
  Der Transistor schaltet um. Da das Umschalten sehr schnell erfolgt, bleibt der Energieverlust gering.

Insgesamt ist die Verlustleistung erheblich kleiner als bei einem Verstärker ohne Pulsbreitenmodulation. Die elektronischen Bauelemente erwärmen sich weniger, und der Verstärker kann wesentlich kompakter aufgebaut werden.

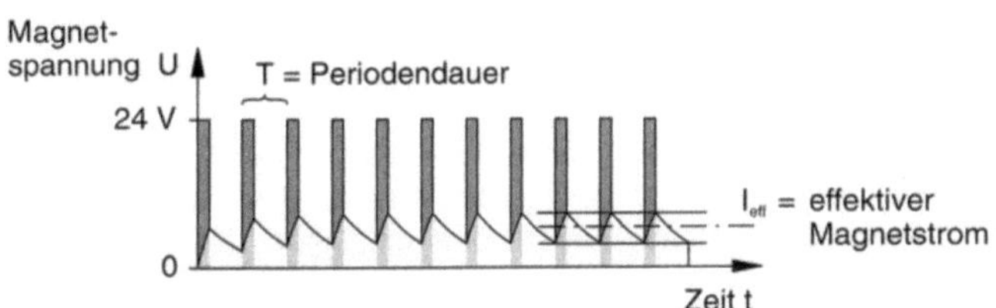

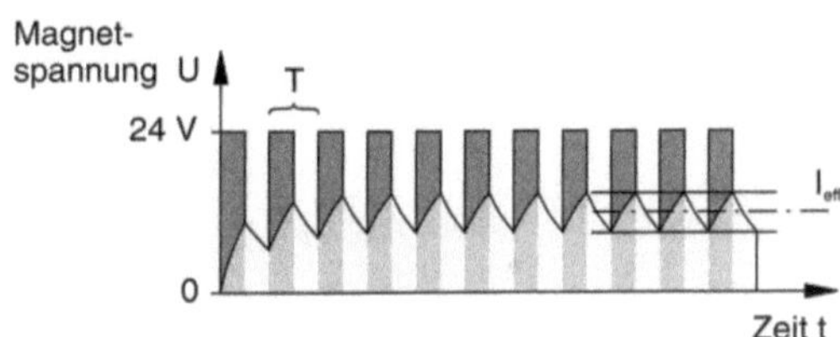

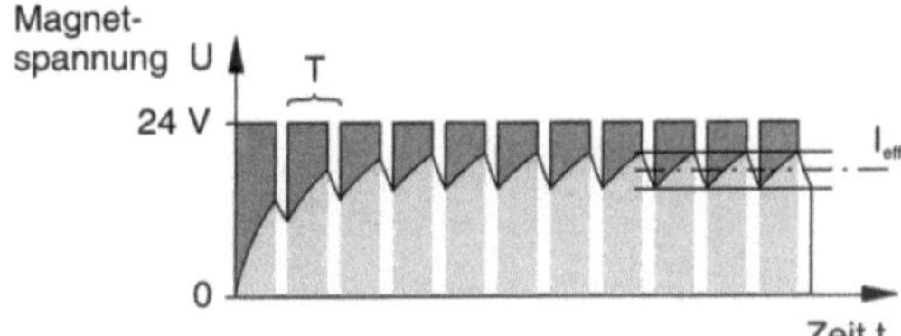

Bild 4.5
Pulsbreitenmodulation

4.2 Einstellen eines Verstärkers

Totzonenkompensation

Bild 4.6a zeigt die Durchfluß-Signalkennlinie für ein Ventil mit positiver Überdeckung. Durch die Überdeckung weist das Ventil eine ausgeprägte Totzone auf.

Kombiniert man das Ventil und einen elektrischen Verstärker mit linearer Kennlinie, so bleibt die Totzone erhalten (*Bild 4.6b*).

Bei Verwendung eines Verstärkers mit einer Kennlinie gemäß *Bild 4.6c* kann die Totzone dagegen kompensiert werden.

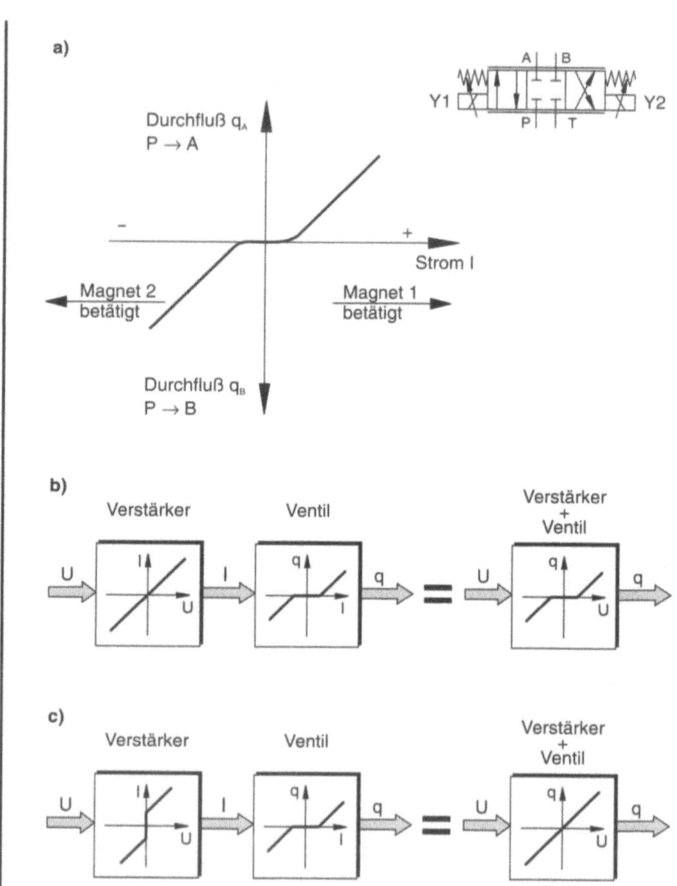

Bild 4.6
Kompensation der
Totzone bei einem
Proportional-Wegeventil

Einstellen der Verstärkerkennlinie

Die Kennlinie eines Ventilverstärkers läßt sich einstellen. Dies ermöglicht es,

- den gleichen Verstärkertyp für verschiedene Ventiltypen einzusetzen,

- Fertigungstoleranzen innerhalb einer Ventilserie auszugleichen,

- bei Defekten entweder nur das Ventil oder nur den Verstärker auszuwechseln.

Die Verstärkerkennlinie weist für Ventile verschiedener Hersteller die gleiche Charakteristik auf. Allerdings werden die Kennwerte von den verschiedenen Herstellern zum Teil unterschiedlich bezeichnet. Dementsprechend unterscheiden sich auch die Einstellanleitungen.

Bild 4.7 zeigt eine Verstärkerkennlinie für einen Zweikanalverstärker. Für ein positives Stellsignal wird nur Magnet 1, für ein negatives Stellsignal nur Magnet 2 mit Strom versorgt.

Es werden drei Größen eingestellt:

- **Maximalstrom**
  Der Maximalstrom ist veränderbar, um den Verstärker an Proportionalmagneten mit unterschiedlichem Maximalstrom anzupassen. Bei bestimmten Verstärkern wird statt des Maximalstroms ein Verstärkungsfaktor eingestellt. Er gibt die Steigung der Verstärkerkennlinie an.

- **Sprungstrom**
  Der Sprungstrom ist verstellbar, um unterschiedlliche Überdeckungen auszugleichen. Bei verschiedenen Herstellern wird der Sprungstrom über einen "Funktionsbildner" eingestellt.

- **Grundstrom**
  Aufgrund von Fertigungstoleranzen steht der Ventilschieber nicht genau in der Mittelposition, wenn beide Magneten stromlos sind. Dieser Fehler läßt sich kompensieren, indem einer der beiden Proportionalmagneten mit einem Grundstrom beaufschlagt wird. Die Höhe des Grundstroms läßt sich einstellen. Für diese Kompensationsmaßnahme wird häufig der Begriff "Offseteinstellung" verwendet.

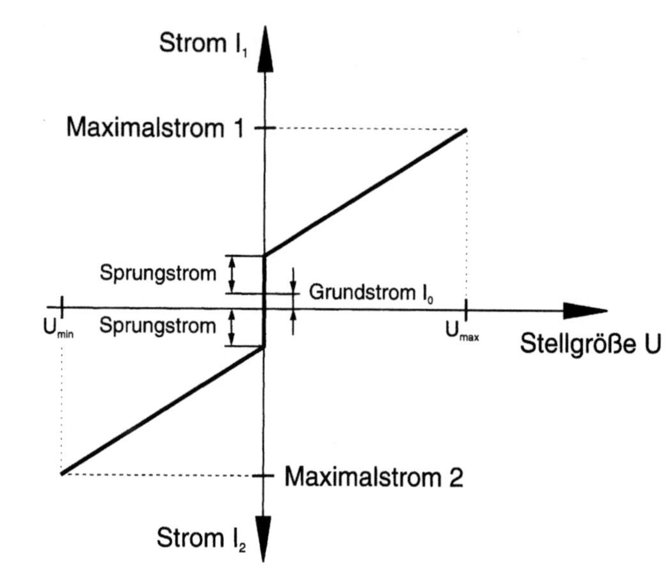

Bild 4.7
Einstellmöglichkeiten bei
einem Zweikanal-
Ventilverstärker

Als Stellsignal (= Sollwert) für ein Proportionalventil wird eine elektrische Spannung benötigt. Die Spannung läßt sich meistens innerhalb folgender Bereiche variieren:

- zwischen 0 V und 10 V für Druck- und Drosselventile,

- zwischen -10 V und 10 V für Wegeventile.

Die Stellgröße y kann auf verschiedene Arten erzeugt werden. Zwei Beispiele sind in *Bild 4.8* dargestellt.

- Mit einen Handhebel wird der Schleifer eines Potentiometers verschoben. Die Stellgröße wird am Schleifer abgegriffen. Dies ermöglicht die Fernverstellung von Ventilen *(Bild 4.8a)*.

- Mit einer SPS wird zwischen zwei über Potentiometer eingestellten Sollwerten umgeschaltet *(Bild 4.8b)*.

4.3 Sollwertvorgabe

a)

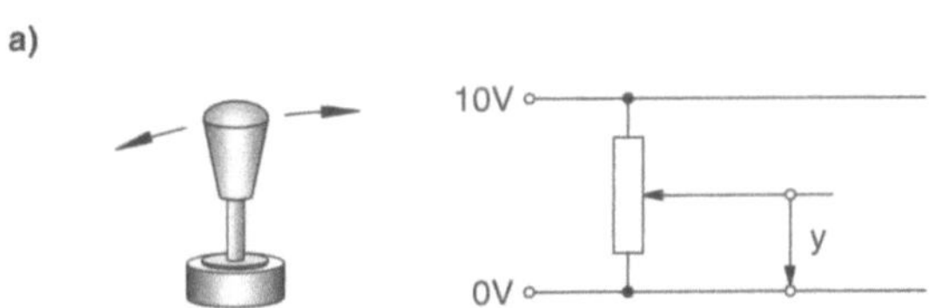

b)

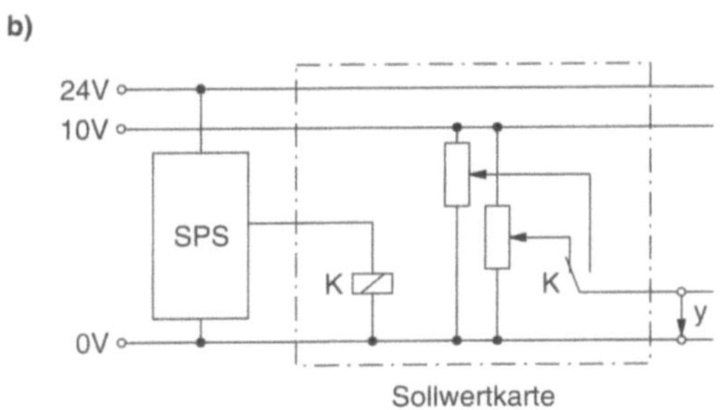

Bild 4.8
Beispiele für die Sollwert-
vorgabe
a) Handhebel
b) Umschaltung
mit einer SPS

Vermeidung von Druckspitzen und Vibrationen

Vibrationen und Druckspitzen werden durch das Umsteuern eines Wegeventils verursacht. In *Bild 4.9* sind drei Varianten der Umsteuerung gegenübergestellt.

Bei einem schaltenden Wegeventil gibt es nur die Stellungen "Ventil geöffnet" und "Ventil geschlossen". Eine Änderung des Stellsignals führt zu plötzlichen Druckänderungen, die ruckartige Beschleunigungen und Vibrationen des Antriebs zur Folge haben *(Bild 4.9a)*.

Bei Verwendung eines Proportionalventils lassen sich unterschiedliche Ventilöffnungen und unterschiedliche Geschwindigkeiten einstellen. Sprungförmige Änderungen des Stellsignals verursachen auch bei dieser Schaltung ruckartige Beschleunigungen und Vibrationen *(Bild 4.9b)*.

Zur Erzielung eines weichen, gleichmäßigen Bewegungsvorganges wird die Stellgröße des Proportionalventils rampenförmig verändert *(Bild 4.9c)*.

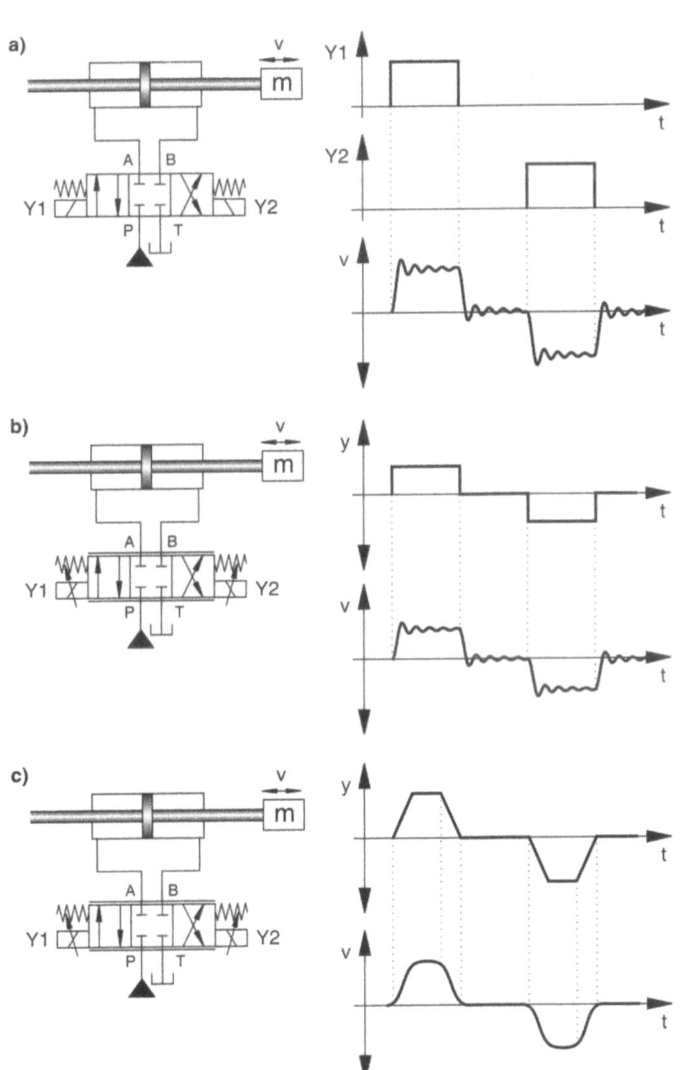

Bild 4.9
Sollwertvorgabe und
Geschwindigkeit eines
Zylinderantriebs

Häufig werden für das Ein- und Ausfahren eines Zylinders Rampen mit unterschiedlicher Steigung benötigt. Bei vielen Anwendungen sind außerdem unterschiedliche Rampensteilheiten für das Beschleunigen und Abbremsen von Lasten erforderlich. Für diese Anwendungsfälle werden Rampenbildner verwendet, die den Betriebszustand automatisch erkennen und zwischen verschiedenen Rampen umschalten.

Bild 4.10 zeigt eine Anwendung für unterschiedliche Rampensteilheiten: einen ungleichflächigen Zylinder, der eine Masse in senkrechter Richtung bewegt.

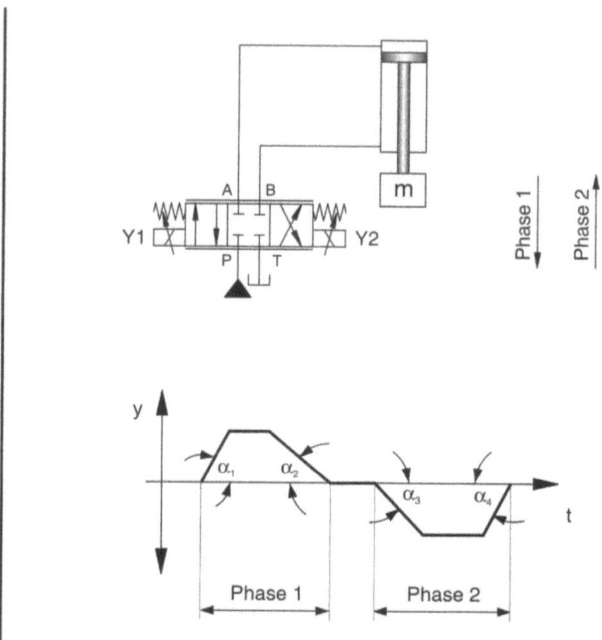

Die Rampenbildner können auf verschiedene Arten realisiert werden:

- eingebaut in den Ventilverstärker,

- mit einer separaten Elektronik, die zwischen Steuerung und Ventilverstärker geschaltet wird,

- durch Programmierung einer SPS mit analogen Ausgängen.

Kapitel 5

Schaltungsbeispiele mit Proportionalventilen

Durchflußcharakteristik von Proportional-Drossel- und -Wegeventilen

Der Durchfluß über eine Steuerkante eines Proportionalventils hängt vom Druckabfall ab. Bei gleichbleibender Ventilöffnung gilt folgender Zusammenhang zwischen Druckabfall und Durchfluß:

$$q \sim \sqrt{\Delta p}$$

Das bedeutet: Wird der Druckabfall über dem Ventil verdoppelt, dann steigt der Durchfluß um den Faktor $\sqrt{2}$, d.h. auf 141,4%.

Lastabhängige Geschwindigkeitssteuerung mit Proportional-Wegeventil

Bei einem hydraulischen Zylinderantrieb sinkt der Druckabfall über dem Proportional-Wegeventil, wenn der Antrieb gegen eine Kraft Arbeit leisten muß. Wegen der Druckabhängigkeit des Durchflusses sinkt auch die Verfahrgeschwindigkeit. Dies soll an einem Beispiel veranschaulicht werden.

Betrachtet wird die Aufwärtsbewegung eines hydraulischen Zylinderantriebs für zwei Lastfälle:

- ohne Last *(Bild 5.1a)*,

- mit Last *(Bild 5.1b)*.

Die Stellgröße beträgt in beiden Fällen 4 V, d.h.:
Die Ventilöffnung ist identisch.

Ohne Belastung beträgt der Druckabfall über jeder Steuerkante des Proportional-Wegeventils 40 bar. Der Kolben des Antriebs bewegt sich mit der Geschwindigkeit v = 0,2 m/s nach oben *(Bild 5.1a)*.

Muß der Zylinder eine Last anheben, steigt der Druck in der unteren Kammer, und der Druck in der oberen Kammer sinkt ab. Beide Effekte führen dazu, daß der Druckabfall über den Ventilsteuerkanten sinkt, im dargestellten Fall auf 10 bar je Steuerkante.

Der Duchfluß berechnet sich zu:

$$\frac{q_{mit\,Last}}{q_{ohne\,Last}} = \frac{\sqrt{\Delta p_{mit\,Last}}}{\sqrt{\Delta p_{ohne\,Last}}} = \sqrt{\frac{1}{4}} = \frac{1}{2}$$

Geschwindigkeit und Durchfluß sind zueinander proportional. Dementsprechend berechnet sich die Geschwindigkeit im belasteten Zustand zu:

$$q \sim v$$

$$\frac{v_{mit\,Last}}{v_{ohne\,Last}} = \frac{q_{mit\,Last}}{q_{ohne\,Last}} = \frac{1}{2}$$

$$v_{mit\,Last} = \frac{1}{2}\,v_{ohne\,Last} = 0{,}1\,m/s$$

Die Geschwindigkeit ist also trotz gleicher Ventilöffnung wesentlich kleiner als ohne Belastung.

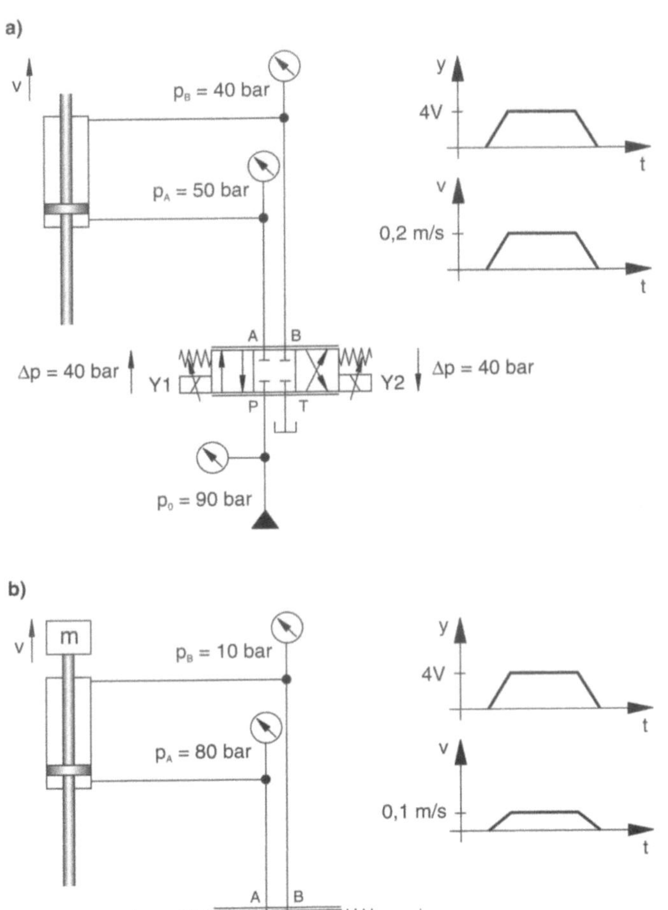

Bild 5.1
Geschwindigkeit eines
ventilgesteuerten Zylinderantriebs für zwei Lastfälle
a) ohne Massenlast
b) mit Massenlast

Lastunabhängige Geschwindigkeitssteuerung mit Proportional-wegeventil und Druckwaage

Eine zusätzliche Druckwaage bewirkt, daß der Druckabfall über dem Proportional-Wegeventil unabhängig von der Last konstant bleibt. Durchfluß und Geschwindigkeit werden lastunabhängig.

In *Bild 5.2* ist eine Schaltung mit Zulaufdruckwaage dargestellt. Das Wechselventil sorgt dafür, daß stets der höhere der beiden Kammerdrücke der Druckwaage zugeführt wird.

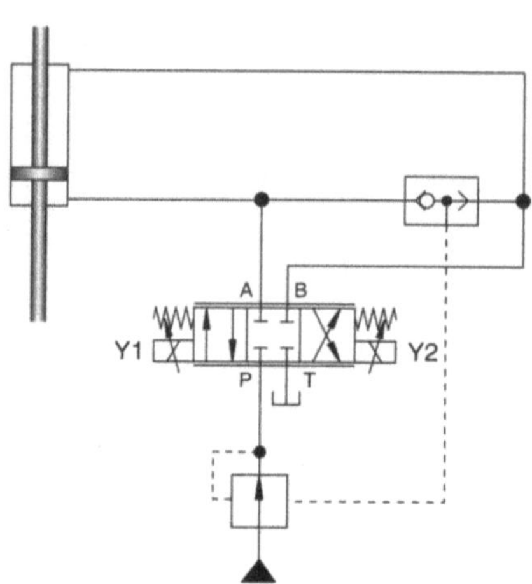

Bild 5.2
Ventilgesteuerter Zylinder-antrieb mit Zulaufdruck-waage

Differentialschaltung

In Werkzeugmaschinen werden häufig zwei Anforderungen an hydraulische Antriebe gestellt:

- schnelle Vorschubgeschwindigkeit im Eilgang,

- hohe Kraft und exakte, gleichmäßige Geschwindigkeit im Arbeitsgang.

Beide Anforderungen können mit der in *Bild 5.3* dargestellten Schaltung erfüllt werden.

- Beim Ausfahren des Kolbens im Eilgang wird das Drosselventil geöffnet. Die Druckflüssigkeit fließt von der Kolbenringseite durch beide Ventile zur Kolbenseite. Der Kolben erreicht eine hohe Geschwindigkeit.

- Beim Ausfahren im Arbeitsgang wird das Drosselventil geschlossen. Der Druck auf der Ringfläche sinkt, und der Antrieb kann eine hohe Kraft ausüben.

- Weil das Drosselventil als Proportionalventil ausgeführt ist, kann weich zwischen Eilgang und Arbeitsgang umgeschaltet werden.

- Beim Rückhub bleibt das Drosselventil geschlossen.

Für Differentialschaltungen werden auch spezielle 4/3-Wege-Proportionalventile verwendet, die die Funktionen der beiden Ventile vereinen.

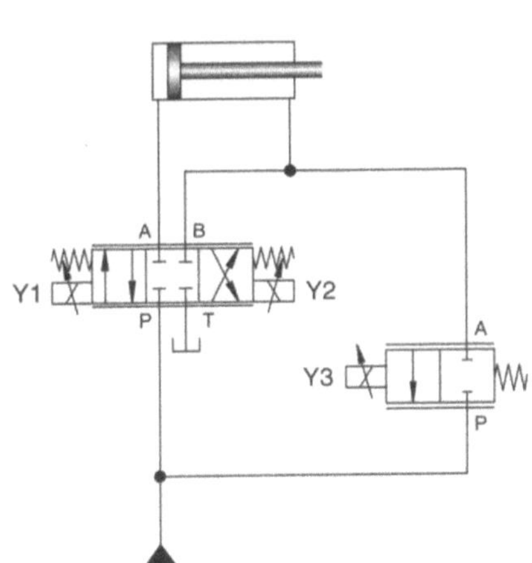

Bild 5.3
Differentialschaltung

Gegenhaltung

Beim Abbremsen von Lasten kann der Druck in der entlasteten Zylinderkammer unter den Umgebungsdruck sinken. Durch den Unterdruck entstehen Luftblasen im Öl, und die Hydraulikanlage kann durch Kavitation beschädigt werden.

Abhilfe schafft die Gegenhaltung über ein Druckbegrenzungsventil. Durch diese Maßnahme stellt sich in beiden Kammern ein höherer Druck ein. Kavitation wird vermieden.

Das Druckbegrenzungsventil wird zusätzlich mit dem Druck der anderen Zylinderkammer beaufschlagt. Diese Maßnahme bewirkt beim Beschleunigen der Last das Öffnen des Druckbegrenzungsventils, so daß sich die Gegenhaltung in diesem Betriebszustand nicht störend auswirkt.

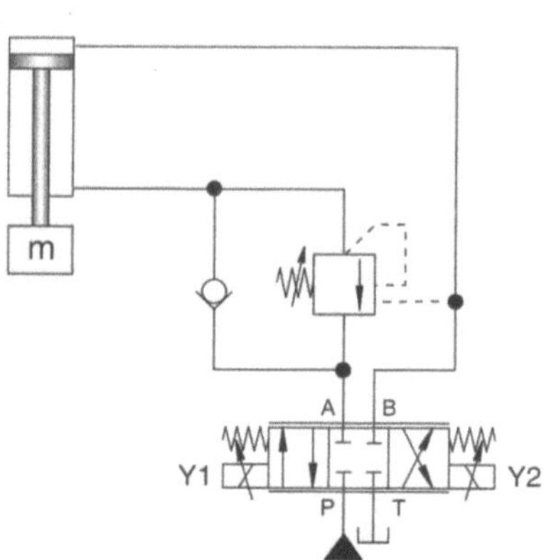

Bild 5.4
Gegenhaltung mit
Druckbegrenzungsventil

Proportional-Drossel- und Proportional-Wegeventile werden als Schieberventile ausgeführt. Bei Schieberventilen tritt in der Mittelstellung eine geringfügige Leckage auf. Die Leckage führt beim belasteten Antrieb zu einem langsamen Wegdriften. Dieses Wegdriften muß bei vielen Anwendungen, z.B. bei Aufzügen, unbedingt verhindert werden.

Für Anwendungen, bei denen die Last leckagefrei gehalten werden muß, wird das Proportionalventil mit einem Sitzventil kombiniert. *Bild 5.5* zeigt eine Schaltung mit Proportional-Wegeventil und entsperrbarem Rückschlagventil.

5.2 Leckage-vermeidung

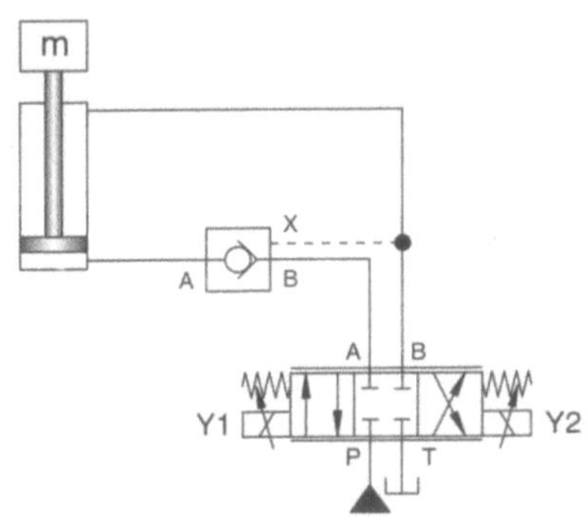

Bild 5.5
Halten einer Last mit
einem entsperrbaren
Rückschlagventil

Positionierantriebe werden immer dann eingesetzt, wenn Lasten schnell und genau an eine bestimmte Stelle bewegt werden müssen. Der Lastenaufzug ist ein typisches Anwendungebeispiel für einen hydraulischen Positionierantrieb. Kostengünstige hydraulische Positionierantriebe lassen sich mit Proportionalwegeventilen und Näherungsschaltern realisieren.
Bild 5.6a zeigt eine Schaltung mit einem Näherungsschalter. Zunächst bewegt sich der Antrieb wegen der großen Ventilöffnung mit einer hohen Geschwindigkeit. Nach dem Passieren des Sensors wird die Ventilöffnung rampenförmig verringert. Der Antrieb wird abgebremst. Eine Vergrößerung der Last kann zu einer deutlichen Verlängerung des Bremsweges und zu einem Überfahren der Zielposition führen *(Bild 5.6a)*

5.3 Positionieren

Eilgang-Schleichgang-Schaltung

Eine hohe Positioniergenauigkeit erreicht man mit der Eilgang-Schleichgang-Schaltung. Nach Passieren des ersten Näherungsschalters wird die Ventilöffnung rampenförmig auf einen sehr kleinen Wert verringert. Nach Passieren des zweiten Näherungsschalters wird das Ventil ohne Rampe geschlossen. Aufgrund der geringen Ausgangsgeschwindigkeit für den zweiten Bremsvorgang sind die Positionsabweichungen für unterschiedliche Lasten sehr gering *(Bild 5.6b)*.

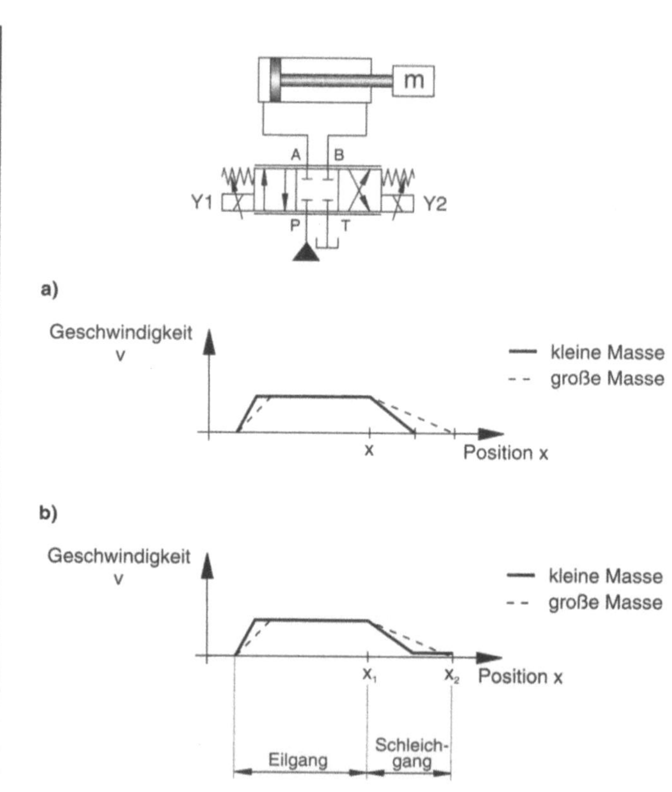

*Bild 5.6
Positionieren mit
Eilgang-Schleichgang-
Schaltung*

Hydraulische Antriebe werden hauptsächlich für Anwendungen einge-setzt, in denen große Lasten bewegt und hohe Kräfte erzeugt wer-den. Dementsprechend hoch sind der Energieverbrauch und die Energiekosten einer Anlage. Es ergibt sich ein hohes Einsparungspo-tential.

Schaltungstechnische Maßnahmen zur Energieeinsparung vergrößern zunächst die Erstellungskosten einer hydraulischen Anlage. Durch die Verringerung des Energieverbrauchs lassen sich die Mehrkosten je-doch oft schon nach kurzer Betriebsdauer der Anlage wieder einspa-ren.

Beim Steuern von Bewegungen mit Proportionalventilen fällt über den Steuerkanten des Proportionalventils Druck ab. Dies führt zu Energie-verlusten und zur Erwärmung des Druckmediums.

Zusätzliche Energieverluste können auftreten, weil die Pumpe einen höheren Volumenstrom erzeugt als zur Bewegung des Antriebs benö-tigt wird. Der überflüssige Volumenstrom fließt über das Druckbegren-zungsventil zum Tank ab, ohne eine nutzbringende Arbeit zu verrich-ten.

Die *Bilder 5.7 bis 5.10* zeigen verschiedene Schaltungsvarianten für einen Zylinderantrieb, der mit einem Proportional-Wegeventil gesteuert wird. Für jede Schaltungsvariante sind dargestellt:

- der Schaltplan,

- die Antriebsgeschwindigkeit als Funktion der Zeit (für alle Schaltun-gen gleich, da gleicher Bewegungsvorgang des Antriebs),

- die Leistungsaufnahme der Pumpe als Funktion der Zeit.

5.4 Maßnahmen zur Energieeinsparung

Konstantpumpe, Mittelstellung des Wegeventils: gesperrt

Bild 5.7 zeigt eine Schaltung, bei der Konstantpumpe und Proportional-Wegeventil mit geschlossener Mittelstellung kombiniert sind. Die Pumpe muß auf den maximal erforderlichen Volumenstrom ausgelegt werden. Die Pumpe liefert dauernd diesen Volumenstrom und fördert gegen den Systemdruck. Dementsprechend ergibt sich ein hoher Energieverbrauch.

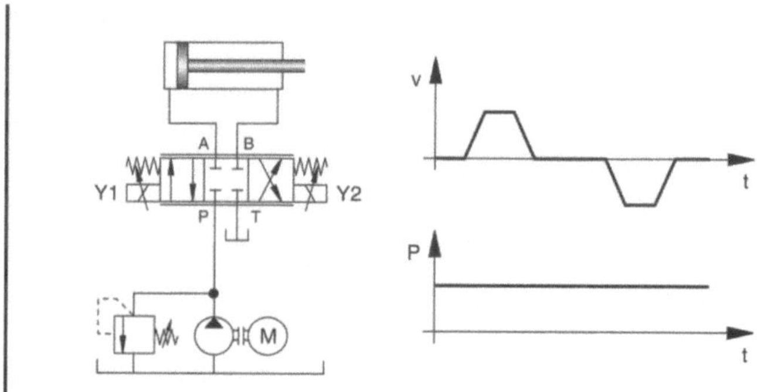

Bild 5.7
Leistungsaufnahme einer
Konstantpumpe
(Mittelstellung des
Wegeventils: gesperrt)

Konstantpumpe, Mittelstellung des Wegeventils: Tankumlauf

Eine Verringerung des Energieverbrauchs läßt sich erzielen, indem ein Proportionalventil mit Tankumlauf eingesetzt wird *(Bild 5.8)*. Während der Antrieb steht, liefert die Pumpe zwar den vollen Volumenstrom, braucht aber nur einen geringen Druck aufzubauen. Dementsprechend sinkt in diesen Phasen die Leistungsaufnahme. Im Mittel ergibt sich ein geringerer Energieverbrauch als bei der Schaltung nach *Bild 5.7*.

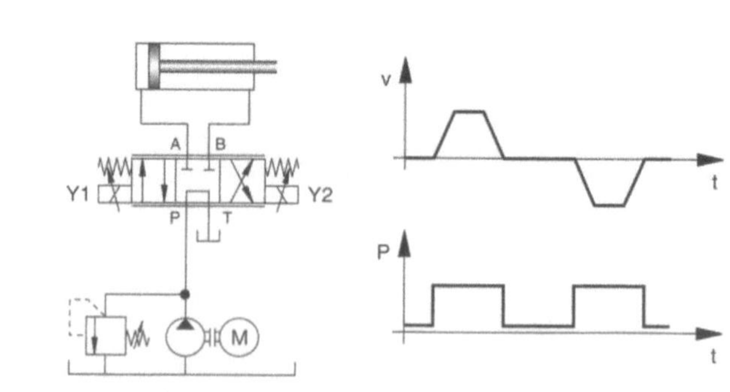

Bild 5.8
Leistungsaufnahme einer
Konstantpumpe
(Mittelstellung des
Wegeventils: Tankumlauf)

Konstantpumpe mit Speicher

Häufig ist die Anwendung eines Ventils mit Tankumlauf nicht möglich, da dadurch im Stillstand der Druck in den Zylinderkammern absinkt. In diesem Fall kann ein Speicher Verwendung finden *(Bild 5.9)*. Bewegt sich der Antrieb gar nicht oder nur langsam, so lädt die Pumpe den Speicher auf. In Phasen schneller Bewegung wird ein Teil des Volumenstromes vom Speicher geliefert. Dadurch kann eine kleinere Pumpe mit einem geringeren Förderstrom verwendet werden. Dies führt zu einer niedrigeren Leistungsaufnahme und zu einem verminderten Energieverbrauch.

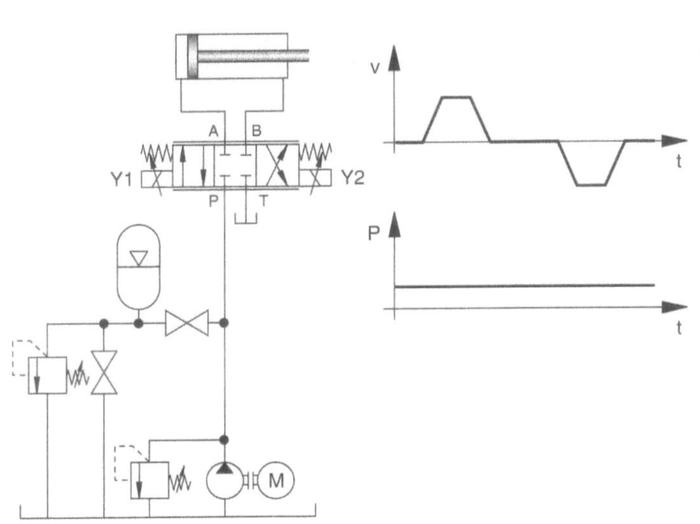

Bild 5.9
Leistungsaufnahme einer
Konstantpumpe mit
zusätzlichem Speicher
(Mittelstellung des
Wegeventils: gesperrt)

Regelpumpe

Die Regelpumpe wird von einem Motor mit einer konstanten Drahzahl angetrieben. Das Schluckvolumen (= gefördertes Ölvolumen pro Pumpenumdrehung) kann verstellt werden. Damit verändert sich auch der Volumenstrom, den die Pumpe fördert.

Die Regelpumpe wird von zwei Zylindern verstellt:

- Der Stellzylinder mit der größeren Kolbenfläche verstellt die Pumpe in Richtung hoher Volumenströme.

- Der Stellzylinder mit der kleineren Kolbenfläche verstellt die Pumpe in Richtung kleiner Volumenströme.

Die Pumpenregelung (Schaltung *Bild 5.10*) arbeitet wie folgt:

- Wir die Öffnung des Proportional-Wegeventils vergrößert, so sinkt der Druck am Pumpenausgang ab. Das Schaltventil der Pumpenregelung öffnet. Die Pumpe wird vom Stellzylinder mit der größeren Kolbenfläche weiter ausgeschwenkt und erzeugt den erforderlichen höheren Volumenstrom.

- Wird die Öffnung des Wegeventils verringert, so steigt der Druck am Pumpenausgang. Als Folge schaltet das 3/2-Wegeventil um. Der Stellzylinder mit der großen Kolbenfläche wird mit dem Tank verbunden. Über den kleineren Stellzylinder wird die Pumpe zurückgeschwenkt. Der Volumenstrom verringert sich. Die Leistungsaufnahme der Pumpe sinkt.

- Bei geschlossenem Ventil wird der Volumenstrom bis auf Null reduziert. Die Leistungsaufnahme der Pumpe geht auf einen sehr kleinen Wert zurück, der zur Überwindung des Reibmoments benötigt wird.

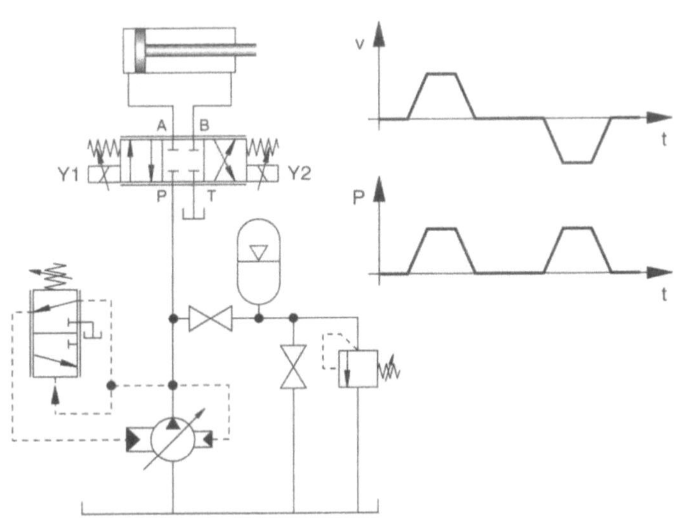

Bild 5.10
Leistungsaufnahme einer
Regelpumpe
(Mittelstellung des
Wegeventils: gesperrt)

Das Druckbegrenzungsventil dient lediglich zur Absicherung. Der Ansprechdruck dieses Ventils muß höher eingestellt werden als der Arbeitsdruck der Pumpe. Solange die Regelpumpe fehlerfrei arbeitet, bleibt das Ventil geschlossen.

Bei plötzlichen Änderungen der Ventilöffnung kann die Pumpe nicht hinreichend schnell reagieren. In diesem Betriebszustand dient ein Druckspeicher als Puffer, so daß starke Schwankungen des Versorgungsdruckes verhindert werden. Im Vergleich zur Schaltung in *Bild 5.9* reicht ein Speicher mit kleinerem Volumen aus.

Vergleich des Energieverbrauchs von Konstant- und Regelpumpe

Die Regelpumpe erzeugt im Gegensatz zur Konstantpumpe nur den Volumenstrom, der vom Antrieb tatsächlich benötigt wird. Die Energieverluste werden minimiert. Die Schaltung mit Regelpumpe *(Bild 5.10)* weist daher den geringsten Energieverbrauch auf.

Kapitel 6

Berechnung des Bewegungsverhaltens von hydraulischen Zylinderantrieben

Hydraulische Antriebe können hohe Kräfte und Momente erzeugen und große Lasten bewegen. Mit Proportionalventilen lassen sich die Bewegungen schnell und genau steuern.

Abhängig von der Anwendung wird entweder ein Linearzylinder, ein Schwenkzylinder oder ein Rotationsmotor eingesetzt. Am häufigsten wird der Linearzylinder verwendet. Die folgenden Ausführungen beschränken sich deshalb auf diesen Antriebstyp.

Betrachtet werden Antriebssysteme mit zwei Zylindertypen:

1. gleichflächiger doppeltwirkender Zylinder mit beidseitiger Kolbenstange *(Bild 6.1a)*:
   Maximalkraft und Maximalgeschwindigkeit sind für beide Bewegungsrichtungen gleich.

2. ungleichflächiger doppeltwirkender Zylinder mit einseitiger Kolbenstange *(Bild 6.1b)*:
   Maximalkraft und Maximalgeschwindigkeit sind für beide Bewegungsrichtungen unterschiedlich.

Der Zylinder mit einseitiger Kolbenstange ist kostengünstiger und benötigt einen wesentlich kleineren Einbauraum. Er wird deshalb in der Praxis häufiger eingesetzt.

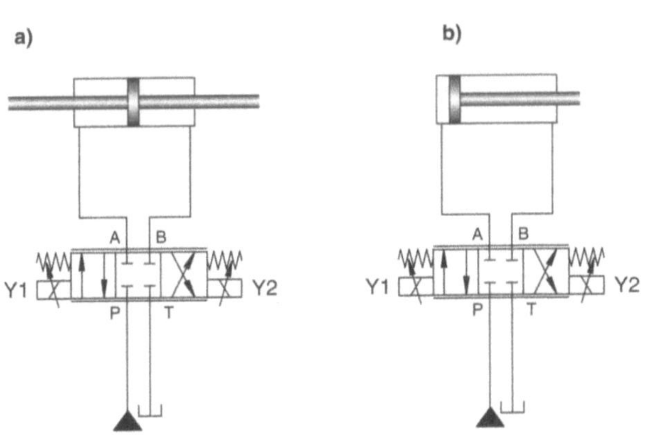

Bild 6.1
Doppeltwirkende hydraulische Antriebssysteme
a) mit gleichflächigem Zylinder (doppelseitige Kolbenstange)
b) mit ungleichflächigem Zylinder (einseitige Kolbenstange)

Die Leistungsdaten und das Bewegungsverhalten eines hydraulischen Zylinderantriebs lassen sich überschlägig berechnen. Die Berechnungen erlauben es,

- die Dauer eines Bewegungsvorgangs zu bestimmen,

- den Stellgrößenverlauf zu ermitteln,

- die erforderliche Pumpe, das erforderliche Proportionalventil und den erforderlichen Zylinder auszuwählen.

Phasen eines Bewegungsvorgangs

Ein einfacher Bewegungsvorgang eines hydraulischen Antriebs setzt sich aus mehreren Phasen zusammen *(Bild 6.2)*:

- Liegen Start- und Zielpunkt der Bewegung nah beieinander, so umfaßt der Bewegungsvorgang zwei Phasen: die Beschleunigungsphase (Dauer t_B, zurückgelegte Strecke x_B) und die Verzögerungsphase (Dauer t_V, zurückgelegte Strecke x_V).

- Sind Start- und Zielpunkt der Bewegung genügend weit voneinander entfernt, umfaßt der Bewegungsvorgang drei Phasen: die Beschleunigungsphase (Dauer t_B, zurückgelegte Strecke x_B), die Phase mit konstanter Maximalgeschwindigkeit (Dauer t_K, zurückgelegte Strecke x_K) und die Verzögerungsphase (Dauer t_V, zurückgelegte Strecke x_V).

Die gesamte Bewegung hat die Zeitdauer t_G. Die Kolbenstange des Antriebs legt die Strecke x_G zurück.

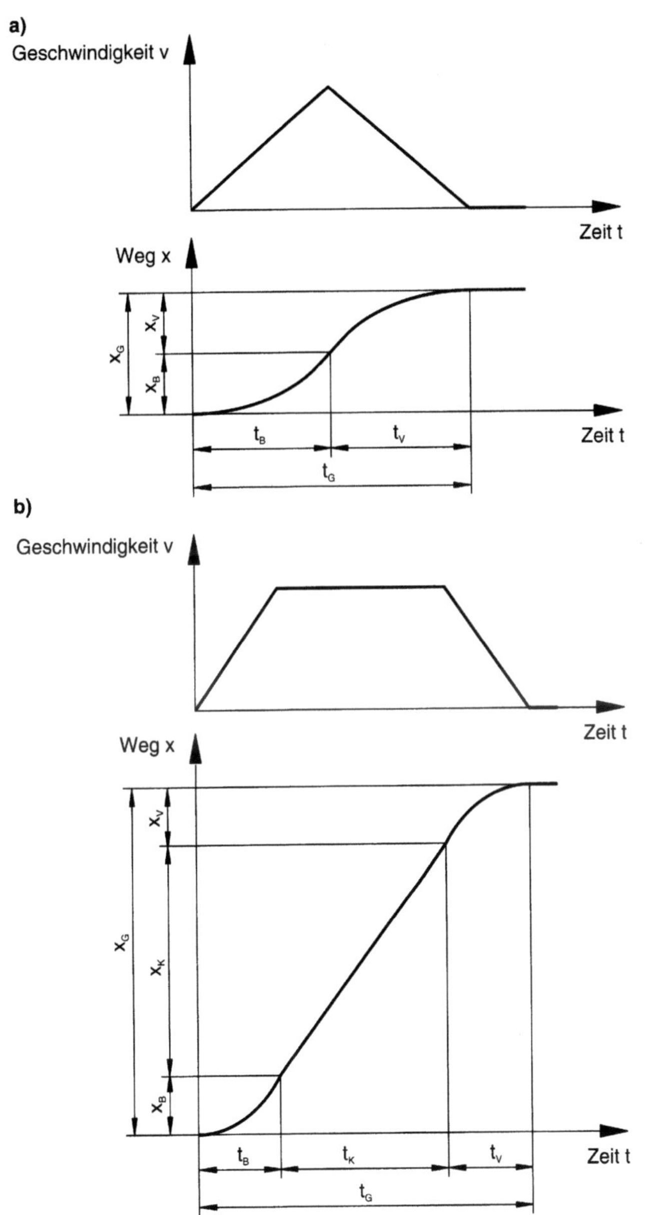

Bild 6.2
Phasen eines
Bewegungsvorgangs

Einflußfaktoren auf die Dauer eines Bewegungsvorgangs

Damit ein Bewegungsvorgang möglichst schnell abläuft, muß das hydraulische Antriebssystem eine hohe Beschleunigung, eine hohe Verzögerung und eine hohe Maximalgeschwindigkeit erreichen. Die realisierbaren Werte für Beschleunigung, Verzögerung und Maximalgeschwindigkeit werden beeinflußt durch:

- die hydraulische Anlage mit Pumpe, Druckbegrenzungsventil, Proportional-Wegeventil und Zylinder,
- die Last (Kräfte und Massen),
- den Abstand von Start- und Zielpunkt.

In *Tabelle. 6.1* sind die Einflußfaktoren genauer aufgeschlüsselt.

Hydraulische Anlage	
Zylinder	- gleich- / ungleichflächig - Hub - Kolben- / Kolbenringfläche - Reibung der Dichtungen
Proportional-Wegeventil	- Nenndurchfluß - Durchfluß-Signalfunktion
Energieversorgung mit Pumpe und Druckbegrenzungsventil	- Systemdruck - Volumenstrom der Pumpe
Last	
Massenlast	- Masse - Bewegungsrichtung (waagerecht/senkrecht, geneigt, aufwärts / abwärts)
Lastkräfte	- ziehende / drückende Last - Reibung in Lagern, Führungen
Abstand von Start- und Zielpunkt	
	- klein / groß

Tabelle 6.1
Einflußfaktoren auf die Dauer eines Bewegungsvorgangs

Randbedingungen für die Berechnung

Zur Vereinfachung der Berechnungen werden zwei Annahmen getroffen:

- Es wird ein 4/3-Wege-Proportionalventil mit vier gleichen Steuerkanten und einer linearen Durchfluß-Signalfunktion verwendet.

- Es wird ein Konstantdrucksystem vorausgesetzt, d.h.: Die Pumpe muß so ausgelegt sein, daß sie auch bei maximaler Antriebsgeschwindigkeit den erforderlichen Volumenstrom liefern kann.

Bei allen Berechnungen ist der Druck als Überdruck angesetzt, d.h.: Der Tankdruck ist Null.

Nenndurchfluß eines Proportional-Wegeventils

Die Geschwindigkeit, welche mit einem hydraulischen Zylinderantrieb erzielt werden kann, hängt ab vom Nenndurchfluß des Proportional-Wegeventils.
Im Datenblatt eines Proportional-Wegeventils wird der Durchfluß q_N bei voller Ventilöffnung und einem Druckabfall von Δp_N pro Steuerkante angegeben.

Durchfluß eines Proportional-Wegeventils in Kombination mit einem hydraulischen Antrieb

Die Einsatzbedingungen des Ventils in einem hydraulischen Antriebssystem weichen von den Randbedingungen bei der Messung ab. Dementsprechend unterscheiden sich die Werte für Druck und Durchfluß.

Der Durchfluß unter den geänderten Bedingungen wird gemäß *Tabelle 6.2* berechnet.

- Der Druckabfall über der Steuerkante des Ventils geht wurzelfömig in die Durchflußformel ein.

- Die Stellgröße wirkt sich bei linearer Durchfluß-Signalfunktion proportional auf Ventilöffnung und Durchfluß aus.

6.1 Durchflußberechnung bei Proportional-Wegeventilen

Kenngrößen des Ventils	- Nenndurchfluß des Proportionalventils: q_N - Nenndruckabfall über einer Steuerkante des Proportionalventils: Δp_N - maximale Stellgröße des Ventils: y_{max}
Einsatzbedingungen in der hydraulischen Schaltung	- tatsächlicher Druckabfall über einer Steuerkante des Proportionalventils: Δp - tatsächliche Stellgröße: y
Berechnung für den Durchfluß	$q = q_N \cdot \dfrac{y}{y_{max}} \cdot \sqrt{\dfrac{\Delta p}{\Delta p_N}}$

Tabelle 6.2
Durchflußumrechnung

Beispiel 1 **Durchflußberechnung**

Ein 4/3-Wege-Proportionalventil weist folgende Daten auf:

- Nenndurchfluß: q_N = 20 l/min, gemessen bei einem Druckabfall Δp_N = 5 bar. Der Nenndurchfluß ist für alle vier Steuerkanten identisch.

- maximales Stellsignal: y_{max} = 10 V

- lineare Durchfluß-Signalfunktion

Das Proportionalventil wird in einem hydraulischen Antriebssystem eingesetzt. Beim Ausfahren der Kolbenstange wurden folgende Werte gemessen:

- Stellsignal: y = 4 V.

- Druckabfall über der Einlaßsteuerkante: Δp_A = 125 bar.

Gesucht
der Durchfluß q_A über die Einlaßsteuerkante des Ventils unter den gegebenen Bedingungen

- **Durchflußberechnung**

$$q_A = q_N \cdot \frac{y}{y_{max}} \cdot \sqrt{\frac{\Delta p_A}{\Delta p_N}}$$

$$= 20 \, \frac{l}{min} \cdot \frac{4V}{10V} \cdot \sqrt{\frac{125 \, bar}{5 \, bar}}$$

$$= 20 \, \frac{l}{min} \cdot 0,4 \cdot 5 = 40 \, \frac{l}{min}$$

•Kammerdrücke und Druckabfall über den Steuerkanten

Es wird ein gleichflächiger Zylinderantrieb betrachtet, auf den keine Kraft wirkt *(Bild 6.3)*. Reibung und Leckage werden vernachlässigt. Die Ventilöffnung ist konstant, und die Kolbenstange bewegt sich mit konstanter Geschwindigkeit. In beiden Kammern stellt sich der halbe Versorgungsdruck ein. Die Druckdifferenz Δp_A über der Einlaßsteuerkante ist identisch zur Druckdifferenz Δp_B über der Auslaßsteuerkante. Beide Druckdifferenzen haben den Wert $p_0/2$.

6.2 Geschwindigkeitsberechnung für einen gleichflächigen Zylinderantrieb ohne Berücksichtigung von Lastkraft und Reibung

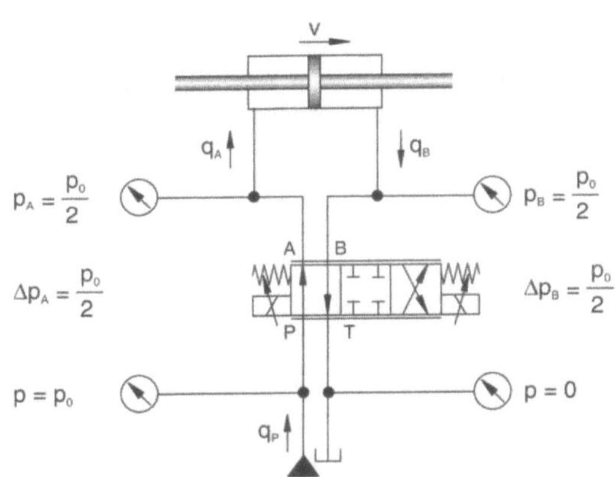

Bild 6.3
Kammerdrücke und Druckdifferenzen über den Steuerkanten bei einem gleichflächigen Zylinderantrieb (ohne Last- und Reibkraft)

Berechnung der Geschwindigkeit

Die Berechnungsformeln für die Geschwindigkeit sind in *Tabelle 6.3* zusammengefaßt.

- Die wirksame Kolbenringfläche ergibt sich aus der Differenz von Kolbenfläche und Kolbenstangenfläche.

- Der Durchfluß über eine Ventilsteuerkante wird berechnet wie in *Tabelle 6.2* angegeben.

- Zur Berechnung der Geschwindigkeit wird der Durchfluß über eine Ventilsteuerkante durch die Kolbenringfläche geteilt.

Dimensionierung der Pumpe

Die Pumpe muß den Volumenstrom liefern können, der bei maximaler Ventilöffnung über die Einlaßsteuerkante fließt.

Kenngrößen des hydraulischen Antriebssystems	
Energieversorgung	Versorgungsdruck: p_0
Ventil	siehe Tabelle 6.2
Zylinder	Kolbendurchmesser: D_K Stangendurchmesser: D_S
Berechnungsformeln	
Kolbenringfläche	$A_R = \dfrac{\pi}{4} \cdot (D_K^2 - D_S^2)$
Durchfluß über eine Steuerkante	$q_A = q_B = q_N \cdot \dfrac{y}{y_{max}} \cdot \sqrt{\dfrac{p_0}{2}{\Delta p_N}}$
Geschwindigkeit	$v = \dfrac{q}{A_R}$
Volumenstrom der Pumpe	$q_P = q_{A\,max} = q_N \cdot \dfrac{y_{max}}{y_{max}} \cdot \sqrt{\dfrac{p_0}{2 \cdot \Delta p_N}} = q_N \cdot \sqrt{\dfrac{p_0}{2 \cdot \Delta p_N}}$

Tabelle 6.3
Geschwindigkeits-
berechnung für einen
gleichflächigen
Zylinderantrieb
ohne Berücksichtigung von
Lastkraft und Reibung

Geschwindigkeitsberechnung für einen gleichflächigen Zylinderabtrieb ohne Berücksichtigung von Last- und Reibkraft

Ein hydraulisches Antriebssystem besteht aus folgenden Komponenten:

- einem Proportional-Wegeventil mit den gleichen Daten wie in *Beispiel 1*,

- einem gleichflächigen Zylinder
  Kolbendurchmesser: $D_K = 100$ mm,
  Kolbenstangendurchmesser: $D_S = 70,7$ mm,

- einer Konstantpumpe,

- einem Druckbegrenzungsventil
  eingestellter Systemdruck: $p_0 = 250$ bar.

Gesucht

- die Maximalgeschwindigkeit des Antriebs (Stellgröße $y_{max} = 10$ V)
- die Geschwindigkeit des Antriebs für eine Stellgröße $y = 2$ V
- der Volumenstrom q_P, den die Pumpe liefern muß

- **Berechnung der Kolbenringfläche**

$$A_R = \frac{\pi}{4} \cdot (100^2 - 70,7^2)\, \text{mm}^2 = 3928\, \text{mm}^2 = 39,3\, \text{cm}^2$$

- **Berechnung der Maximalgeschwindigkeit**

Durchfluß über eine Steuerkante bei maximaler Stellgröße

$$q_{A\,max} = q_N \cdot \sqrt{\frac{p_0}{2 \cdot \Delta p_N}} = 20\, \frac{l}{min} \cdot \sqrt{\frac{250\, \text{bar}}{2 \cdot 5\, \text{bar}}} = 100\, \frac{l}{min}$$

Maximalgeschwindigkeit

$$v_{max} = \frac{q_{A\,max}}{A_R} = \frac{100\, \frac{l}{min}}{39,3\, \text{cm}^2} = \frac{100\, \text{dm}^3}{60\, \text{s} \cdot 0,393\, \text{dm}^2}$$

$$= 4,24\, \frac{dm}{s} = 42,4\, \frac{cm}{s}$$

- **Berechnung der Geschwindigkeit bei einer Stellgröße von 2 V**

Durchfluß über eine Steuerkante bei einer Stellgröße von 2 V:

$$q_A = q_N \cdot \frac{y}{y_{max}} \cdot \sqrt{\frac{p_0}{2 \cdot \Delta p_N}} = 20 \, \frac{l}{min} \cdot \frac{2\,V}{10\,V} \cdot \sqrt{\frac{250\,bar}{2 \cdot 5\,bar}} = 20 \, \frac{l}{min}$$

Geschwindigkeit bei eine Stellgröße von 2 V

$$v = \frac{q_A}{A_R} = \frac{20 \, \frac{l}{min}}{39,3 \, cm^2} = \frac{20 \, dm^3}{60 \, s \cdot 0,393 \, dm^2} = 8,48 \, \frac{cm}{s}$$

- **Berechnung des erforderlichen Pumpenvolumenstroms**

$$q_P = q_{A\,max} = 100 \, \frac{l}{min}$$

Flächenverhältnis eines ungleichflächigen Zylinderantriebs

Bei einem ungleichflächigen Zylinderantrieb wirkt der Druck in einer Kammer auf die Kolbenfläche, in der anderen Kammer auf die Kolbenringfläche. Das Verhältnis von Kolbenfläche zu Kolbenringfläche wird als Flächenverhältnis α bezeichnet *(Tabelle 6.4)*. Bei einem ungleichflächigen Zylinder ist das Flächenverhältnis α größer als 1.

6.3 Geschwindigkeitsberechnung für einen ungleichflächigen Zylinderantrieb ohne Berücksichtigung von Lastkraft und Reibung

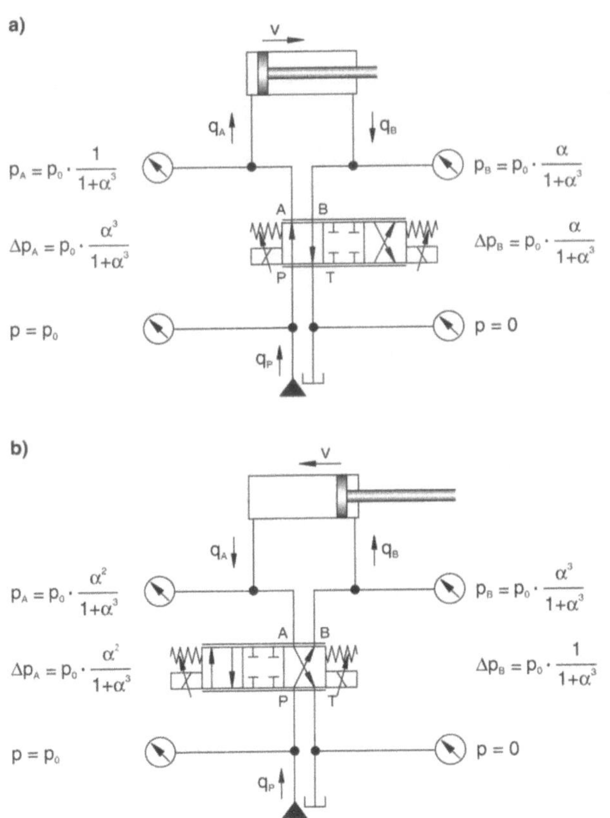

Bild 6.4
Kammerdrücke und Druckdifferenzen über den Steuerkanten bei einem ungleichflächigen Zylinderantrieb
(ohne Last- und Reibkraft)
a) Ausfahren der Kolbenstange
b) Einfahren der Kolbenstange

Ausfahrvorgang:
Kammerdrücke und Druckabfall über den Ventilsteuerkanten

Die Drücke in den Zylinderkammern und die Druckdifferenzen über den Steuerkanten werden bestimmt durch das Kräftegleichgewicht am Kolben und die wurzelförmige Durchflußcharakteristik. Beim Ausfahren der Kolbenstange ergeben sich folgende Zusammenhänge *(Bild 6.4a)*:

- Kräftegleichgewicht am Kolben:
  Da keine Lastkraft wirkt, sind die Kräfte auf beide Seiten des Kolbens identisch. Der Druck auf die Kolbenringfläche ist um den Faktor α größer als der Druck auf die Kolbenfläche.

- Durchflußcharakteristik:
  Die Kolbenfläche ist um den Faktor α größer als die Kolbenringfläche. Dementsprechend ist der Durchfluß über die Einlaßsteuerkante mal größer als über die Auslaßsteuerkante. Da der Durchfluß nur wurzelförmig mit dem Druckabfall steigt, ist der Druckabfall Δp_A über der Einlaßsteuerkante um den Faktor α^2 größer als der Druckabfall Δp_B über der Auslaßsteuerkante.

Aus den Bedingungen für Kräftegleichgewicht und Durchfluß lassen sich die in *Bild 6.4a* angegebenen Drücke und Druckdifferenzen berechnen.

Einfahrvorgang:
Kammerdrücke und Druckabfall über den Ventilsteuerkanten

Beim Einfahren ist der Durchfluß über die Einlaßsteuerkante um den Faktor α kleiner als der Durchfluß über die Auslaßsteuerkante. Unter Berücksichtigung des Kräftegleichgewichts am Kolben und der Durchflußbeziehung ergeben sich die in *Bild 6.4b* eingetragenen Drücke und Druckdifferenzen.

Geschwindigkeitsberechnung

Die Formeln zur Geschwindigkeitsberechnung für das Aus- und Einfahren der Kolbenstange sind in *Tabelle 6.4* zusammengestellt.

Die Geschwindigkeit für das Ausfahren des Kolbens wird in zwei Schritten ermittelt.

- Durchflußberechnung für die Einlaßsteuerkante:
  Der Druckabfall über der Einlaßsteuerkante Δp_A in *Bild 6.4a* wird in die Durchflußformel (*Tabelle 6.2*) eingesetzt.

- Geschwindigkeitsberechnung:
  Der Durchfluß über die Einlaßsteuerkante wird durch die Kolbenfläche geteilt.

Zur Berechnung der Einfahrgeschwindigkeit wird ebenfalls in zwei Schritten vorgegangen. Um den Durchfluß über die Einlaßsteuerkante zu berechnen, wird der Druckabfall Δp_B nach *Bild 6.4b* in die Durchflußbeziehung nach *Tabelle 6.1* eingesetzt. Die Geschwindigkeit wird berechnet, indem der Durchflußwert durch die Kolbenringfläche geteilt wird.

Dimensionierung der Pumpe

Beim Ausfahren der Kolbenstange ist der Volumenstrom über die Einlaßsteuerkante um den Faktor $\alpha^{1,5}$ höher als beim Einfahren (*Tabelle 6.4*). Für die Dimensionierung der Pumpe muß deshalb der maximale Volumenstrom beim Ausfahren zugrunde gelegt werden. Er stellt sich bei maximaler Ventilöffnung ein.

Kenngrößen des hydraulischen Antriebssystems	
	siehe Tabelle 6.3
Berechnungsformeln für den Zylinder	
Kolbenfläche	$A_K = \dfrac{\pi}{4} \cdot D_K^2$
Flächenverhältnis	$\alpha = \dfrac{A_K}{A_R} = \dfrac{D_K^2}{D_K^2 - D_S^2}$
Berechnungsformeln für das Ausfahren der Kolbenstange	
Durchfluß über die Einlaßsteuerkante	$q_A = q_N \cdot \dfrac{y}{y_{max}} \cdot \sqrt{\dfrac{\Delta p_A}{\Delta p_N}} = q_N \cdot \dfrac{y}{y_{max}} \cdot \sqrt{\dfrac{p_0 \cdot \alpha^3}{\Delta p_N \cdot (1 + \alpha^3)}}$
Ausfahrgeschwindigkeit der Kolbenstange	$v = \dfrac{q_A}{A_K} = \dfrac{q_N}{A_K} \cdot \dfrac{y}{y_{max}} = \cdot \sqrt{\dfrac{p_0 \cdot \alpha^3}{\Delta p_N \cdot (1 + \alpha^3)}}$
Berechnungsformeln für das Einfahren der Kolbenstange	
Durchfluß über die Einlaßsteuerkante	$q_B = q_N \cdot \dfrac{y}{y_{max}} \cdot \sqrt{\dfrac{\Delta p_B}{\Delta p_N}} = q_N \cdot \dfrac{y}{y_{max}} \cdot \sqrt{\dfrac{\Delta p_0}{\Delta p_N \cdot (1 + \alpha^3)}}$
Einfahrgeschwindigkeit der Kolbenstange	$v = \dfrac{q_B}{A_R} = \dfrac{q_B \cdot \alpha}{A_K} = \dfrac{q_N}{A_K} \cdot \dfrac{y}{y_{max}} \cdot \sqrt{\dfrac{p_0 \cdot \alpha^2}{\Delta p_N \cdot (1 + \alpha^3)}}$
Berechnungsformel für den Volumenstrom der Pumpe	
	$q_P = q_{max} = q_N \cdot \dfrac{y_{max}}{y_{max}} \cdot \sqrt{\dfrac{p_0 \cdot \alpha^3}{\Delta p_N \cdot (1 + \alpha^3)}}$ $\quad = q_N \cdot \sqrt{\dfrac{p_0 \cdot \alpha^3}{\Delta p_N \cdot 1 + \alpha^3}}$

Tabelle 6.4
Geschwindigkeitsberechnung für einen ungleichflächigen Zylinderantrieb ohne Berücksichtigung von Lastkraft und Reibung

Vergleich der Ein- und der Ausfahrgeschwindigkeit für einen Zylinderantrieb mit 4/3-Wege-Proportionalventil

Ist die Pumpe richtig dimensioniert, so liefert sie unter allen Bedingungen mindestens den Volumenstrom q_{max}, der beim Versorgungsdruck p_0 maximal über die Einlaßsteuerkante des Proportional-Wegeventils fließen kann. Unter dieser Voraussetzung liegt am Anschluß P des Proportional-Wegeventils stets der Druck p_0 an. Der Antrieb mit Proportional-Wegeventil darf als Konstantdrucksystem betrachtet werden *(Tabelle 6.5)*.

Bei einem Konstantdrucksystem ist die Ventilöffnung der begrenzende Faktor für die Geschwindigkeit, und die Ausfahrgeschwindigkeit eines unbelasteten ungleichflächigen Zylinderantriebs ist um den Faktor $\sqrt{\alpha}$ höher als seine Einfahrgeschwindigkeit (*Tabelle 6.4*).

Vergleich der Ein- und Ausfahrgeschwindigkeit für einen Zylinderantrieb mit 4/3-Wege-Schaltventil

Wird ein hydraulischer Zylinderantrieb mit einem schaltenden 4/3-Wegeventil gesteuert, begrenzt der Volumenstrom der Pumpe die Geschwindigkeit. Es liegt ein Konstantstromsystem vor (*Tabelle 6.5*).

Bei einem Konstantstromsystem ist die Einfahrgeschwindigkeit eines ungleichflächigen Zylinderantriebs um den Faktor α höher als die Ausfahrgeschwindigkeit.

	Konstantdrucksystem	Konstantstromsystem
Ventiltyp	4/3-Wege-Proportionalventil	4/3-Wege-Schaltventil
konstant	Druck am Anschluß P des 4/3-Wege-Proportionalventils (entspricht dem Versorgungsdruck p_0)	Volumenstrom q_A über die Einlaßöffnung des Ventils (entspricht dem Volumenstrom q_P der Pumpe)
variabel	Durchfluß q_A über die Einlaßsteuerkante (hängt von der Last und der Stellgröße ab)	Druck am Anschluß P des Wegeventils (hängt von der Last ab)
Volumenstrom über das Druckbegrenzungsventil	In fast allen Betriebspunkten ist q_A kleiner als q_P. Der übrige Volumenstrom fließt über das Druckbegrenzungsventil ab.	Bei konstanter Bewegungsgeschwindigkeit sind q_A und q_P identisch. Es fließt kein Volumenstrom über das Druckbegrenzungsventil ab.
Geschwindigkeit eines ungleichflächigen Zylinders	Ausfahrgeschwindigkeit größer als Einfahrgeschwindigkeit	Einfahrgeschwindigkeit größer als Ausfahrgeschwindigkeit

Tabelle 6.5
Vergleich eines Konstantdrucksystems und eines Konstantstromsystems

---

Beispiel 3 **Geschwindigkeitsberechnung für einen ungleichflächigen Zylinderantrieb ohne Berücksichtigung von Lastkraft und Reibkraft**

Die Druckversorgung und das Proportional-Wegeventil weisen die gleichen Daten auf wie in *Beispiel 2*. Kolben- und Stangendurchmesser des Zylinders sind ebenfalls identisch.

Gesucht

- die maximale Ausfahrgeschwindigkeit der Kolbenstange (Stellgröße: $y = 10$ V)

- die maximale Einfahrgeschwindigkeit der Kolbenstange (Stellgröße: $y = -10$ V)

- der erforderliche Pumpenvolumenstrom q_P

- **Berechnung des Zylinders**

Kolbenfläche

$$A_K = \frac{\pi}{4} \cdot D_K^2 = \frac{\pi}{4} \cdot 100^2 \text{ mm}^2 = 7854 \text{ mm}^2 = 0,785 \text{ dm}^2$$

Flächenverhältnis

$$\alpha = \frac{A_K}{A_R} = \frac{7854 \text{ mm}^2}{3928 \text{ mm}^2} = 2$$

- **Berechnung der maximalen Ausfahrgeschwindigkeit**

Durchfluß über die Einlaßsteuerkante

$$q_A = q_N \cdot \frac{y}{y_{max}} \cdot \sqrt{\frac{p_0}{\Delta p_N} \cdot \frac{\alpha^3}{1 + \alpha^3}}$$

$$= 20 \frac{l}{\text{min}} \cdot \frac{10 \text{ V}}{10 \text{ V}} \cdot \sqrt{\frac{250 \text{ bar}}{5 \text{ bar}} \cdot \frac{8}{9}} = 133,3 \frac{l}{\text{min}}$$

maximale Ausfahrgeschwindigkeit

$$v = \frac{q_A}{A_K} = \frac{133,3 \text{ dm}^3}{60 \text{ s} \cdot 0,785 \text{ dm}^3} = 2,8 \frac{dm}{s} = 0,28 \frac{m}{s}$$

- **Berechnung der maximalen Einfahrgeschwindigkeit**

Durchfluß über die Einlaßsteuerkante

$$q_B = q_N \cdot \frac{y}{y_{max}} \cdot \sqrt{\frac{p_0}{\Delta p_N} \cdot \frac{1}{1 + \alpha^3}}$$

$$= 20 \frac{l}{\text{min}} \cdot \sqrt{\frac{250 \text{ bar}}{5 \text{ bar} \cdot 9}} = 47,1 \frac{l}{\text{min}}$$

maximale Einfahrgeschwindigkeit

$$v = \frac{q_B}{A_R} = \frac{q_B \cdot \alpha}{A_K} = \frac{47,1 \text{ dm}^3 \cdot 2}{60 \text{ s} \cdot 0,785 \text{ dm}^2} = 2 \frac{dm}{s} = 0,2 \frac{m}{s}$$

- **Berechnung des erforderlichen Pumpenvolumenstroms**

$$q_P = q_{max} = q_N \cdot \sqrt{\frac{p_0}{\Delta p_N} \cdot \frac{\alpha^3}{1 + \alpha^3}} = 133,3 \frac{l}{\text{min}}$$

6.4 Geschwindig-keitsberechnung für einen gleichflächigen Zylinderantrieb unter Berücksichtigung von Reibkraft und Lastkraft

Maximale Kraft auf den Antriebskolben

Wenn in einer Kammer des Hydraulikzylinders Versorgungsdruck herrscht, in der anderen Tankdruck, wirkt die Maximalkraft F_{max} auf den Kolben. Die Maximalkraft berechnet sich beim gleichflächigen Zylinderantrieb als Produkt aus Versorgungsdruck und Kolbenringfläche (*Tabelle 6.6*).

Kolbenkraft bei konstanter Bewegungsgeschwindigkeit

Bei konstanter Bewegungsgeschwindigkeit setzt sich die tatsächliche Kolbenkraft F aus der Lastkraft F_L und der Reibkraft F_R zusammen. Dabei sind folgende Vorzeichendefinitionen zu beachten:

- Eine Lastkraft, die der Bewegung entgegen wirkt, wird als drükkende Last bezeichnet. Sie ist mit positivem Vorzeichen einusetzen.

- Eine Lastkraft, die in Richtung der Bewegung wirkt, d.h. den Bewegungsvorgang unterstützt, wird als ziehende Last bezeichnet. Sie ist mit negativem Vorzeichen einzusetzen.

- Die Reibkraft wirkt der Bewegung immer entgegen und ist deshalb immer mit positivem Vorzeichen zu versehen.

Damit sich der Kolben in der gewünschten Richtung bewegt, muß die Kolbenkraft F kleiner sein als die maximale Kolbenkraft F_{max}.

Lastdruck, Kammerdrücke und Druckdifferenzen über den Steuerkanten

Der Lastdruck p_L gibt an, welche Druckdifferenz zwischen den beiden Zylinderkammern herrschen muß, um die Kraft F zu erzeugen. Er wird für den gleichflächigen Zylinderantrieb berechnet, indem die Kolbenkraft F durch die Kolbenringfläche A_R geteilt wird. Unter Berücksichtigung des Lastdrucks stellen sich die in *Bild 6.5* dargestellten Drücke und Druckdifferenzen ein.

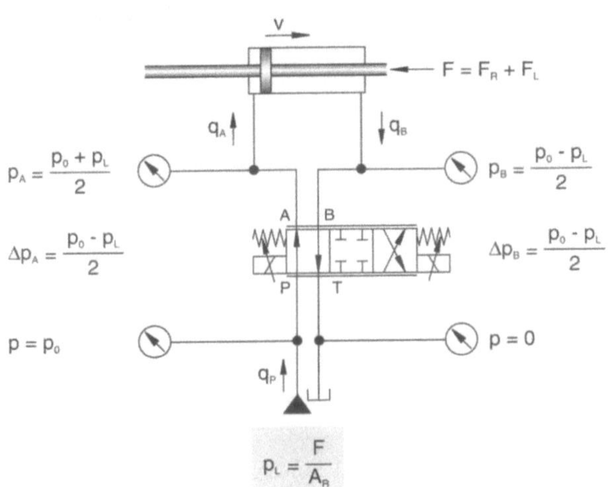

Bild 6.5
Kammerdrücke und Druckdifferenzen über den Steuerkanten bei einem gleichflächigen Zylinderantrieb
(mit Last- und Reibkraft)

Kenngrößen des hydraulischen Antriebssystems	
	siehe Tabelle 6.3
Kenngrößen der Last	
Lastkraft	F_L
Reibkraft	F_R
Berechnungsformeln für Kräfte und Lastdruck	
maximale Kolbenkraft	$F_{max} = A_R \cdot p_0$
tatsächliche Kolbenkraft	$F = F_L + F_R$
Lastdruck	$p_L = \dfrac{F}{A_R}$
Berechnungsformeln für die Geschwindigkeit, direkt für belasteten Antrieb	
Durchfluß über eine Steuerkante	$q_A = q_B = q_N \cdot \dfrac{y}{y_{max}} \cdot \sqrt{\dfrac{p_0 - p_L}{2 \cdot \Delta p_N}}$
Geschwindigkeit mit Last	$v_L = \dfrac{q_A}{A_R}$
Berechnungsformeln für die Geschwindigkeit, aus unbelastetem Antrieb	
Geschwindigkeit ohne Last	v berechnet nach Tabelle 6.3
Geschwindigkeit	$v_L = v \cdot \sqrt{\dfrac{p_0 - p_L}{p_0}} = v \cdot \sqrt{\dfrac{F_{max} - F}{F_{max}}}$
Berechnungsformel für den Volumenstrom der Pumpe	
	$q_P = q_{A\,max} = q_N \cdot \sqrt{\dfrac{p_0 - p_L}{2 \cdot \Delta p_N}}$

Tabelle 6.6
Geschwindigkeits-
berechnung für einen
gleichflächigen Zylinder
(mit Last- und Reibkraft)

Berechnung der Bewegungsgeschwindigkeit

Die Bewegungsgeschwindigkeit wird in zwei Schritten berechnet *(Tabelle 6.6)*:

- Durchflußberechnung:
  Die Durchflüsse q_A und q_B sind identisch. Sie werden durch Einsetzen der Druckdifferenz Δp_A bzw. Δp_B *(Bild 6.5)* in die Durchflußbeziehung ermittelt *(Tabelle 6.2)*.

- Geschwindigkeitsberechnung
  Der Durchfluß q_A wird durch die Kolbenringfläche A_R geteilt.

Wurde die Bewegungsgeschwindigkeit v des unbelasteten Antriebs bereits ermittelt, so wird die Geschwindigkeit v_L unter Lasteinfluß zweckmäßigerweise ausgehend von der Geschwindigkeit des unbelasteten Antriebs bestimmt *(Tabelle 6.6)*.

Pumpendimensionierung

Da der erforderliche Volumenstrom q_A mit wachsender Bewegungsgeschwindigkeit des Antriebs steigt, richtet sich die Pumpendimensionierung nach der Bewegungsrichtung mit der höheren Geschwindigkeit. Bei ziehenden Lasten wirkt die Last in Bewegungsrichtung, und die Lastkraft F_L ist negativ. Unter dieser Randbedingung können die Geschwindigkeit des Kolbens und der erforderliche Volumenstrom q_P der Pumpe höher werden als im lastfreien Zustand.

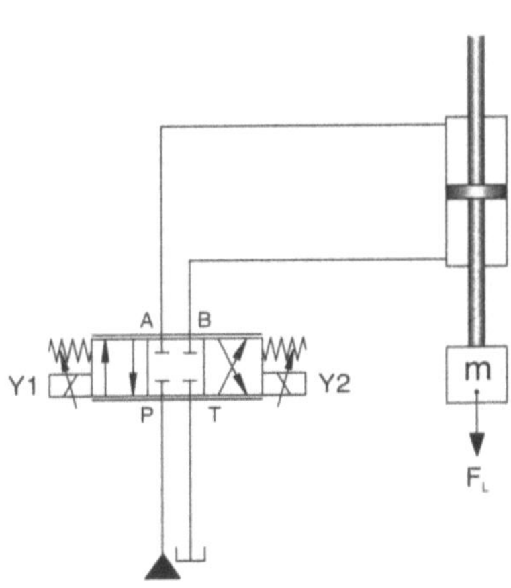

Bild 6.6
Gleichflächiger Zylinderantrieb mit Massenlast und Reibung

Beispiel 4 **Geschwindigkeitsberechnung bei einem gleichflächigen Zylinder unter Berücksichtigung von Reibkraft und Lastkraft**

Ein Zylinderantrieb ist senkrecht montiert und muß eine Last heben und senken *(Bild 6.6)*.

- Die Lastkraft beträgt F_L = 20 kN.

- Die Reibkraft beträgt für beide Bewegungsrichtungen F_R = 5 kN.

Die restlichen technischen Daten entsprechen *Beispiel 2*.

Gesucht

- die Maximalgeschwindigkeit für die Aufwärtsbewegung des Antriebs (Stellgröße: y = 10 V)

- die Maximalgeschwindigkeit für die Abwärtsbewegung des Antriebs (Stellgröße: y = -10 V)

- der erforderliche Pumpenvolumenstrom q_P

- **Maximalgeschwindigkeit ohne Last**
  (aus Beispiel 2):

$$v = \frac{q_A}{A_R} = \frac{100 \text{ dm}^3}{60 \text{ s} \cdot 0{,}393 \text{ dm}^2} = 4{,}24 \, \frac{\text{dm}}{\text{s}} = 0{,}424 \, \frac{\text{m}}{\text{s}}$$

Berechnung der maximalen Kolbenkraft

$$F_{max} = A_R \cdot p_0 = 39{,}3 \text{ cm}^2 \cdot 250 \text{ bar} = 39{,}3 \text{ cm}^2 \cdot 250 \, \frac{\text{kp}}{\text{cm}^2}$$

$$= 9825 \text{ kp} = 98{,}25 \text{ kN}$$

- **Berechnung der Maximalgeschwindigkeit**
  (Aufwärtsbewegung, drückende Last)

tatsächliche Kolbenkraft

$$F = F_R + F_L = 5 \text{ kN} + 20 \text{ kN} = 25 \text{ kN}$$

Geschwindigkeit bei maximaler Ventilöffnung

$$v_L = v \cdot \sqrt{\frac{F_{max} - F}{F_{max}}} = 0{,}424 \, \frac{\text{m}}{\text{s}} \cdot \sqrt{\frac{98{,}25 \text{ kN} - 25 \text{ kN}}{98{,}25 \text{ kN}}} = 0{,}366 \, \frac{\text{m}}{\text{s}}$$

■ **Berechnung der Maximalgeschwindigkeit**
(Abwärtsbewegung, ziehende Last)

tatsächliche Kolbenkraft

$$F = F_R + F_L = 5\,kN - 20\,kN = -15\,kN$$

Geschwindigkeit bei maximaler Ventilöffnung

$$v_L = v \cdot \sqrt{\frac{F_{max} - F}{F_{max}}} = 0{,}424\,\frac{m}{s} \cdot \sqrt{\frac{98{,}25\,kN + 15\,kN}{98{,}25\,kN}} = 0{,}455\,\frac{m}{s}$$

■ **Berechnung des erforderlichen Pumpenvolumenstroms**
Bei Abwärtsbewegung sind die Geschwindigkeit v und der Volumenstrom q_A **über die Einlaßsteuerkante größer als bei der Aufwärtsbewegung. Die Pumpe muß deshalb für die Abwärtsbewegung dimensioniert werden.**

$$q_P = q_{A\,max} = v_{max} \cdot A_R = 4{,}55\,\frac{dm}{s} \cdot 0{,}393\,dm^2 = 1{,}79\,\frac{dm^3}{s} = 107{,}5\,\frac{l}{min}$$

Auswirkung der Lastkraft auf die Bewegungsgeschwindigkeit

Das Beispiel verdeutlicht die Auswirkung der Lastkraft auf die Bewegungsgeschwindigkeit eines hydraulischen Zylinderantriebs:

■ Bei der Aufwärtsbewegung muß der Antrieb eine Kraft überwinden, die entgegengesetzt zur Bewegungsrichtung wirkt. Die Geschwindigkeit ist bei gleicher Ventilöffnung kleiner als im unbelasteten Fall.

■ Bei der Abwärtsbewegung wirkt die Belastung in Bewegungsrichtung. Die Geschwindigkeit ist bei gleicher Ventilöffnung größer als im unbelasteten Fall.

**6.5 Geschwindig-
keitsberechnung
für einen ungleich-
flächigen Zylinder
unter Berücksichti-
gung von Reib- und
Lastkraft**

Maximale Kraft auf den Antriebskolben

Die maximale Kolbenkraft F_{max} wird nach *Tabelle 6.7* berechnet. Die Kraft ist für den Ausfahrvorgang um den Faktor α größer als für den Einfahrvorgang.

Kolbenkraft bei konstanter Bewegungsgeschwindigkeit

Es gelten die gleichen Zusammenhänge wie beim gleichflächigen Zylinderantrieb (Abschnitt 6.4).

Lastdruck, Kammerdrücke und Druckdifferenzen über den Steuerkanten

Die Berechnungsformeln für den Lastdruck p_L unterscheiden sich für den Ein- und Ausfahrvorgang *(Tabelle 6.7)*. Die gleiche Last bewirkt beim Einfahren einen um den Faktor α höheren Lastdruck p_L.

Die Kammerdrücke p_A und p_B sowie die Druckdifferenzen Δp_A und Δp_B über den Steuerkanten sind in *Bild 6.7a* (Ausfahrvorgang) und in *Bild 6.7b* (Einfahrvorgang) dargestellt.

a)

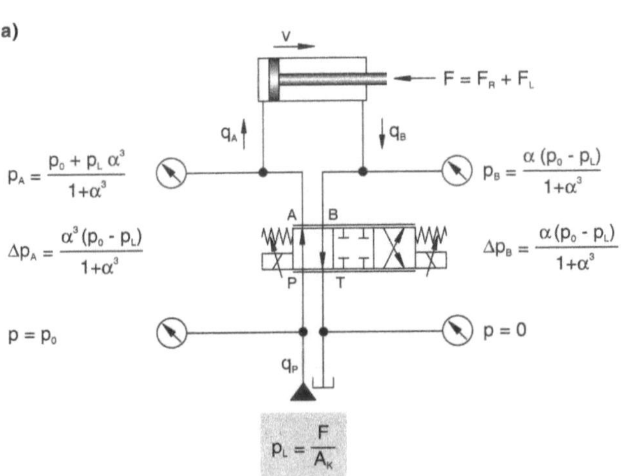

b)

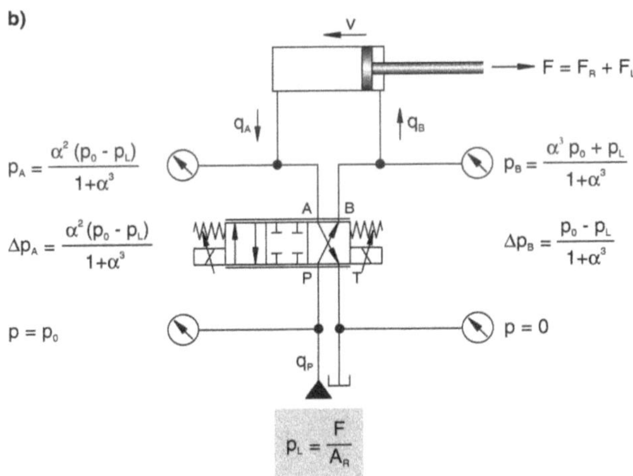

Bild 6.7
Kammerdrücke und
Druckdifferenzen über den
Steuerkanten bei einem
ungleichflächigen
Zylinderantrieb
(mit Last- und Reibkraft)

Berechnung der Ein- und Ausfahrgeschwindigkeit

Die Berechnung der Ein- und Ausfahrgeschwindigkeit wird nach dem gleichen Prinzip durchgeführt wie beim gleichflächigen Zylinder (Abschnitt 6.4).

Auswirkung von Lastkräften

Beim Einfahren ist die maximale Kolbenkraft F_{max} geringer als beim Ausfahren. Eine Lastkraft, die gegen die Bewegungsrichtung wirkt, führt beim Einfahren zu einem höheren Lastdruck p_L. Dadurch verringert sich die Geschwindigkeit unter dem Einfluß von drückendenen Lasten beim Einfahren stärker.

Dimensionierung der Pumpe

Für die Pumpendimensionierung ist der maximale Volumenstrom q_{max} über die Einlaßsteuerkante maßgeblich. Er tritt bei maximaler Ventilöffnung auf. Um den erforderlichen Volumenstrom der Pumpe zu bestimmen, müssen beide Bewegungsrichtungen untersucht werden:

- Bei den meisten Antriebssystemen ist der maximale Volumenstrom über die Einlaßsteuerkante beim Ausfahren größer. Die Pumpe ist für den Ausfahrvorgang zu dimensionieren.

- Wirkt beim Ausfahren eine drückende Last, beim Einfahren dagegen eine ziehende Last, so kann der Volumenstrom über die Einlaßsteuerkante beim Einfahren größer sein als beim Ausfahren. Die Pumpe ist in diesem Fall für den Einfahrvorgang zu dimensionieren.

a) Kenngrößen des hydraulischen Antriebssystems	
	siehe Tabelle 6.3
b) Kenngrößen der Last	
	siehe Tabelle 6.5
c) Ausfahren der Kolbenstange	
Berechnungsformeln für den Zylinder	
maximale Kolbenkraft	$F_{max} = A_K \cdot p_0$
tatsächliche Kolbenkraft	$F = F_R + F_L$
Lastdruck	$p_L = \dfrac{F}{A_K}$
Berechnung der Ausfahrgeschwindigkeit	
Durchfluß über die Einlaßsteuerkante	$q_A = q_N \cdot \dfrac{y}{y_{max}} \cdot \sqrt{\dfrac{p_0 - p_L}{p_N} \cdot \dfrac{\alpha^3}{1 + \alpha^3}}$
Geschwindigkeit mit Last	$v_L = \dfrac{q_A}{A_K}$
Berechnung der Ausfahrgeschwindigkeit, wenn Ausfahrgeschwindigkeit ohne Last bekannt	
Ausfahrgeschwindigkeit ohne Last	v siehe Tabelle 6.3
Ausfahrgeschwindigkeit mit Last	$v_L = v \cdot \sqrt{\dfrac{p_0 - p_L}{p_0}} = v \cdot \sqrt{\dfrac{F_{max} - F}{F_{max}}}$
d) Einfahren der Kolbenstange	
Berechnungsformeln für den Zylinder	
maximale Kolbenkraft	$F_{max} = A_R \cdot p_0$
tatsächliche Kolbenkraft	$F = F_R + F_L$
Lastdruck	$p_L = \dfrac{F}{A_R} = \dfrac{F \cdot \alpha}{A_K}$
Berechnung der Einfahrgeschwindigkeit	
Durchfluß über die Einlaßsteuerkante	$q_B = q_N \cdot \dfrac{y}{y_{max}} \cdot \sqrt{\dfrac{p_0 - p_L}{p_N} \cdot \dfrac{1}{1 + \alpha^3}}$
Geschwindigkeit mit Last	$v_L = \dfrac{q_B}{A_R} = \dfrac{q_B \cdot \alpha}{A_K}$

Tabelle 6.7
Geschwindigkeits-
berechnung für einen
ungleichflächigen Zylinder
(mit Last- und Reibkraft)

Fortsetzung Tabelle 6.7
Geschwindigkeits-
berechnung für einen
ungleichflächigen Zylinder
(mit Last- und Reibkraft)

Berechnung der Einfahrgeschwindigkeit, wenn Einfahrgeschwindigkeit ohne Last bekannt	
Einfahrgeschwindigkeit ohne Last	v siehe Tabelle 6.3
Einfahrgeschwindigkeit mit Last	$v_L = v \cdot \sqrt{\dfrac{p_0 - p_L}{p_0}} = v \cdot \sqrt{\dfrac{F_{max} - F}{F_{max}}}$
e) Berechnungsformel für den Volumenstrom der Pumpe	
	$q_P = q_{max}$

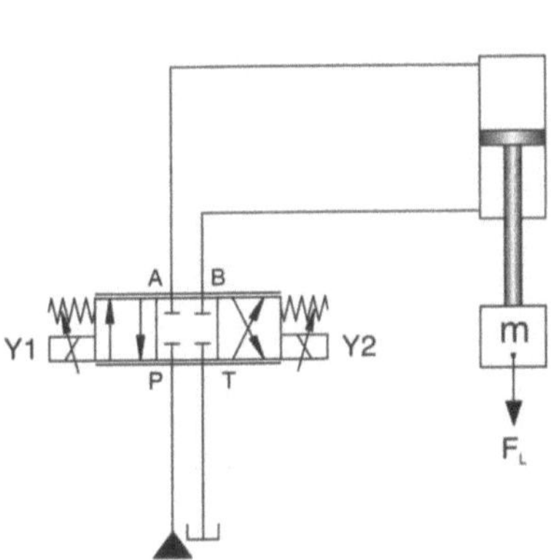

Bild 6.8
Ungleichflächiger Zylinder-
antrieb mit Massenlast und
Reibkraft

Geschwindigkeitsberechnung bei einem ungleichflächigen Zylinder unter Berücksichtigung von Reibkraft und Lastkraft
Beispiel 5

Ein ungleichflächiger Zylinderantrieb ist senkrecht montiert und soll eine Massenlast heben und senken *(Bild 6.8)*. Alle weiteren Daten entsprechen dem Antriebssystem aus *Beispiel 4*.

Gesucht

- die Maximalgeschwindigkeit für die Aufwärtsbewegung des Antriebs (Stellgröße $y = 10\,V$)

- die Maximalgeschwindigkeit für die Abwärtsbewegung des Antriebs (Stellgröße $y = -10\,V$)

- der erforderliche Volumenstrom der Pumpe

- **Berechnung der Maximalgeschwindigkeit für die Aufwärtsbewegung:**
  Bei der Aufwärtsbewegung fährt die Kolbenstange ein.

Maximalgeschwindigkeit der Einfahrbewegung ohne Last *(aus Beispiel 3)*

$$v = \frac{q_B}{A_R} = \frac{47,1 \, dm^3}{60 \, s \cdot 0,393 \, dm^2} = 0,2 \, \frac{m}{s}$$

maximale Kolbenkraft (Einfahrbewegung)

$$F_{max} = A_R \cdot p_0 = 0,393 \, dm^2 \cdot 250 \, bar = 98,25 \, kN$$

tatsächliche Kolbenkraft

$$F = F_R + F_L = 5 \, kN + 20 \, kN = 25 \, kN$$

Geschwindigkeit bei maximaler Ventilöffnung (Einfahrbewegung)

$$v_L = v \cdot \sqrt{\frac{F_{max} - F}{F_{max}}} = 0,2 \, \frac{m}{s} \cdot \sqrt{\frac{98,25 \, kN - 25 \, kN}{98,25 \, kN}} = 0,173 \, \frac{m}{s}$$

- **Berechnung der Maximalgeschwindigkeit für die Abwärtsbewegung:**
  Bei der Abwärtsbewegung fährt die Kolbenstange aus.

Maximalgeschwindigkeit der Ausfahrbewegung ohne Last *(aus Beispiel 3)*

$$v = \frac{q_A}{A_K} = \frac{133,3 \, dm^3}{60 \, s \cdot 0,785 \, dm^2} = 0,28 \, \frac{m}{s}$$

maximale Kolbenkraft (Ausfahrbewegung)

$$F_{max} = A_K \cdot p_0 = 0,785 \, dm^2 \cdot 250 \, bar = 196,3 \, kN$$

tatsächliche Kolbenkraft

$$F = F_R - F_L = 5 \, kN - 20 \, kN = -15 \, kN$$

Geschwindigkeit bei maximaler Ventilöffnung (Ausfahrbewegung)

$$v_L = v \cdot \sqrt{\frac{F_{max} - F}{F_{max}}} = 0,28 \, \frac{m}{s} \cdot \sqrt{\frac{196,3 \, kN + 15 \, kN}{196,3 \, kN}} = 0,29 \, \frac{m}{s}$$

- **Berechnung des erforderlichen Pumpenvolumenstromes:**

maximaler Volumenstrom über die Einlaßsteuerkante beim
Ausfahren

$$q_A = v_L \cdot A_K = 0{,}29 \, \frac{m}{s} \cdot 0{,}785 \, dm^2 = 2{,}3 \, \frac{dm^3}{s} = 137 \, \frac{l}{min}$$

maximaler Volumenstrom über die Einlaßsteuerkante beim
Einfahren

$$q_B = v_L \cdot A_R = 0{,}173 \, \frac{m}{s} \cdot 0{,}393 \, dm^2 = 0{,}68 \, \frac{dm^3}{s} = 40{,}8 \, \frac{l}{min}$$

erforderlicher Volumenstrom der Pumpe

$$q_P = q_{max} = q_A = 137 \, \frac{l}{min}$$

Geschwindigkeits- und Stellgrößenverlauf während der Beschleunigungsphase

Für die überschlägige Berechnung eines Bewegungsvorganges wird eine konstante Beschleunigung angenommen. Unter dieser Voraussetzung ergibt sich während der Beschleunigungsphase eine gleichmäßig steigende Geschwindigkeit *(Bild 6.2)*. Die Ventilöffnung wird während der Beschleunigungsphase rampenförmig vergrößert.

Kräfte während der Beschleunigungsphase

Während des Beschleunigungsvorgangs setzt sich die Kolbenkraft F aus Reibkraft F_R, Lastkraft F_L und Beschleunigungskraft F_B zusammen. Die maximale Beschleunigungskraft, und die maximale Beschleunigung a_{max} stellen sich bei der maximalen Kolbenkraft F_{max} ein. Die maximale Kolbenkraft F_{max} wird erreicht, wenn in einer Zylinderkammer der Versorgungsdruck p_0, in der anderen Kammer der Tankdruck herrscht.
Die Formeln für die Kräfte beim Beschleunigen sind in *Tabelle 6.8a* zusammengefaßt.

6.6 Einfluß der maximalen Kolbenkraft auf den Beschleunigungs- und Verzögerungsvorgang

Dauer des Beschleunigungsvorgangs und zurückgelegte Strecke

Für einen schnellen Ablauf der Bewegung muß die Beschleunigung möglichst groß sein. Die maximal erzielbare Beschleunigung a_{max} berechnet sich als Quotient aus maximaler Beschleunigungskraft F_{Bmax} und bewegter Masse m *(Tabelle 6.8b)*. Die bewegte Masse m wird durch Addition der Lastmasse und der bewegten Masse des Hydraulikantriebs ermittelt.

Die Dauer des Beschleunigungsvorganges t_B und die zurückgelegte Strecke x_B werden nach *Tabelle. 6.8b* berechnet.

Geschwindigkeits- und Stellgrößenverlauf während der Verzögerungsphase

Da für die Verzögerungsphase eine konstante Verzögerung vorausgesetzt wird, ergibt sich eine gleichmäßig abfallende Geschwindigkeit *(Bild 6.2)*. Die Ventilöffnung wird rampenfömig verringert, bis das Ventil geschlossen ist.

Wirkrichtung der Kräfte beim Verzögern

Während des Verzögerungsvorgangs ist die resultierende Kraft F, die der Kolben auf die Last ausübt, der Bewegungsrichtung entgegengerichtet. Ihr Vorzeichen wird deshalb positiv angesetzt, wenn sie entgegen der Bewegungsrichtung wirkt. Die Reibkraft F_R und eine positive Lastkraft F_L unterstützen den Verzögerungsvorgang *(Tabelle 6.8c)*. Sie verringern die zum Verzögern erforderliche Kolbenkraft F.

Kavitation und Druckstoß

Um einen Zylinderantrieb abzubremsen (= zu verzögern) muß das Proportional-Wegeventil geschlossen werden. Wird die Ventilöffnung zu schnell verringert, treten zwei Effekte auf:

- In der Kammer, in der die Druckflüssigkeit von der bewegten Last zusammengepreßt wird, steigt der Druck schlagartig über den Versorgungsdruck an. Durch den Druckstoß können Zylinder, Verschraubungen oder Rohre platzen.

- In der anderen Kammer sinkt der Druck unter den Tankdruck ab. Es tritt Kavitation auf.

Grenzwerte der Kolbenkraft beim Verzögern

Um beim Abbremsen eines gleichflächigen Zylinders die Kavitation und einen zu hohen Druckstoß zu vermeiden, muß das Ventil so langsam geschlossen werden, daß die Kolbenkraft F unter einem Grenzwert F_{max} bleibt. Die zulässigen Kolbenkräfte beim Verzögern sind in *Tabelle 6.8c* zusammengefaßt.

- Beim gleichflächigen Zylinderantrieb darf die für das Beschleunigen berechnete Maximalkraft F_{max} nicht überschritten wird.

- Wird die einfahrende Kolbenstange eines ungleichflächigen Zylinders abgebremst, ist das Kavitationsrisiko gering, da durch die Zulaufsteuerkante vergleichsweise wenig Öl strömt. Es empfiehlt sich, den Antrieb so abzubremsen, daß der Druck auf die Kolbenfläche nicht über den Versorgungsdruck ansteigt. Unter dieser Voraussetzung wird die maximale Kolbenkraft nach *Tabelle 6.8c* berechnet.

- Besonders kritisch ist das Abbremsen eines ausfahrenden ungleichflächigen Antriebs, da hier schon bei einer vergleichsweise geringen Kolbenkraft F_{max} Kavitation auftritt.

Dauer des Verzögerungsvorgangs und zurückgelegte Strecke

Der Antrieb erreicht die maximale Verzögerung a_{max}, wenn entgegen der Bewegungsrichtung die maximale Kolbenkraft F_{max} wirkt *(Tabelle 6.8c)*.
Die maximale Verzögerung a_{max}, die Dauer t_V des Verzögerungsvorgangs und die zurückgelegte Strecke x_V werden nach *Tabelle 6.8d* berechnet.

a) Berechnungsformeln für die Kräfte während der Beschleunigungsphase	
Kolbenkraft während der Beschleunigungsphase	$F = F_B + F_R + F_L$
Maximale Kolbenkraft des gleichflächigen Zylinders	$F_{max} = A_R \cdot p_0$
Maximale Kolbenkraft des ungleichflächigen Zylinders beim Ausfahren	$F_{max} = A_K \cdot p_0$
Maximale Kolbenkraft des ungleichflächigen Zylinders beim Einfahren	$F_{max} = A_R \cdot p_0$
b) Berechnungsformeln für die Dauer der Beschleunigungsphase und die zurückgelegte Strecke	
zulässige Maximalbeschleunigung	$a_{max} = \dfrac{F_{Bmax}}{m} = \dfrac{F_{max} - F_R - F_L}{m}$
Dauer der Beschleunigungsphase	$t_B = \dfrac{v}{a}$
zurückgelegte Strecke während der Beschleunigungsphase	$x_B = \dfrac{1}{2} \cdot t_B \cdot v$
c) Berechnungsformeln für die Kräfte während der Verzögerungsphase	
Kolbenkraft während der Verzögerungsphase	$F = F_V - F_R - F_L$
Maximale Kolbenkraft des gleichflächigen Zylinders	$F_{max} = A_R \cdot p_0$
Maximale Kolbenkraft des ungleichflächigen Zylinders beim Ausfahren	$F_{max} = \dfrac{A_K \cdot p_0}{\alpha^3}$
Maximale Kolbenkraft des ungleichflächigen Zylinders beim Einfahren	$F_{max} = A_K \cdot p_0 \cdot \dfrac{\alpha^3 - \alpha^2 + 1}{\alpha^3}$
d) Berechnungsformeln für die Dauer der Verzögerungsphase und die zurückgelegte Strecke	
zulässige Maximalverzögerung	$a_{max} = \dfrac{F_{Vmax}}{m} = \dfrac{F_{max} + F_R + F_L}{m}$
Dauer der Verzögerungsphase	$t_V = \dfrac{v}{a}$
zurückgelegte Strecke während der Verzögerungsphase	$x_V = \dfrac{1}{2} \cdot t_V \cdot v$

Tabelle 6.8
Einfluß der maximalen Kolbenkraft auf den Beschleunigungs- und Verzögerungsvorgang

Hydraulischer Zylinderantrieb als Feder-Masse-Schwinger

Der Kolben eines doppeltwirkenden Hydraulikzylinders ist zwischen zwei Flüssigkeitssäulen eingespannt. Da die Flüssigkeit kompressibel ist, bilden die Säulen Federn mit den Federsteifigkeiten c_1 und c_2 (*Bild 6.9*). Die Federsteifigkeiten der beiden Säulen addieren sich. Bei einem gleichflächigen Zylinderantrieb ist die Summe der beiden Federsteifigkeiten bei Mittelstellung des Kolbens am geringsten.

Das System aus Ölfedern, Kolben, Kolbenstange und Massenlast kann als Feder-Masse-Schwinger betrachtet werden. Wird ein hydraulischer Zylinderantrieb bei geschlossenem Ventil durch eine Kraft angeregt, so treten abklingende Schwingungen auf *(Bild 6.9)*.

6.7 Einfluß der Eigenkreisfrequenz auf den Beschleunigungs- und Verzögerungsvorgang

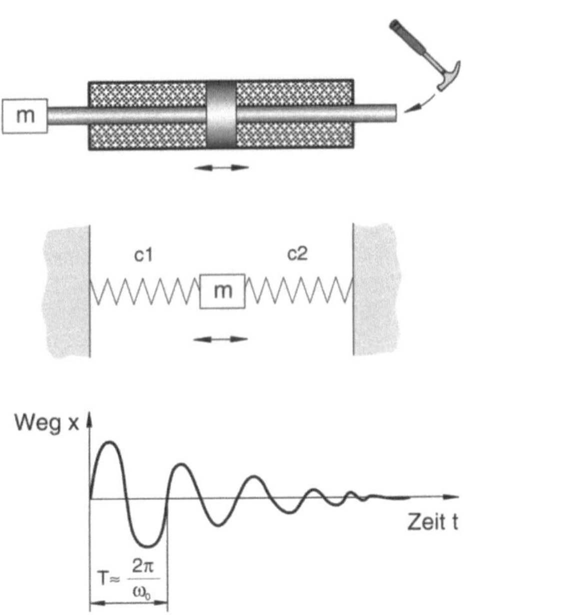

Bild 6.9
Hydraulischer Zylinderantrieb als Feder-Masse-Schwinger

Berechnung der Eigenkreisfrequenz

Die Federsteifigkeit c eines gleichflächigen hydraulischen Zylinderantriebs in Mittelstellung wird aus dem Kompressionsmodul E der Hydraulikflüssigkeit sowie dem Hub H und der Kolbenringfläche A_R berechnet (*Tabelle 6.7*). Einsetzen der bewegten Masse m in die Formel des Feder-Masse-Schwingers führt auf die Eigenkreisfrequenz ω_0 des hydraulischen Antriebs.

Bei einem Antriebssystem wird nicht nur das Flüssigkeitsvolumen in den Zylinderkammern komprimiert, sondern zusätzlich das Flüssigkeitsvolumen in den Rohren zwischen Ventil und Antrieb. Durch den Einfluß der Rohre steigt das komprimierte Flüssigkeitsvolumen, und die Federsteifigkeit c sinkt. Damit sinkt auch die Eigenkreisfrequenz ω_0. Dies kann bei der Berechnung der Eigenkreisfrequenz pauschal durch einen Korrekturfaktor von 0,85 bis 0,9 berücksichtigt werden.

Beim ungleichflächigen Zylinderantrieb liegt das Minimum der Eigenkreisfrequenz außerhalb der Kolbenmittelstellung. Die Berechnungsformel für die minimale Eigenkreisfrequenz ist einschließlich Korrekturfaktor in *Tabelle 6.9* aufgeführt.

Berechnung der minimalen Beschleunigungs- und Verzögerungszeit

Um Schwingungen zu vermeiden, dürfen die Beschleunigungszeit t_B und die Verzögerungszeit t_V eines hydraulischen Zylinderantriebs nicht zu kurz gewählt werden. Die zulässigen minimalen Beschleunigungs- bzw. Verzögerungszeiten hängen von der Eigenkreisfrequenz ab. Je höher die Eigenkreisfreqenz ist, umso schneller darf der Antrieb beschleunigt und verzögert werden *(Tabelle 6.9)*. Aus der Beschleunigungs- und Verzögerungszeit lassen sich die Strecken x_B und x_V berechnen, die der Antrieb während der beiden Phasen zurücklegt.

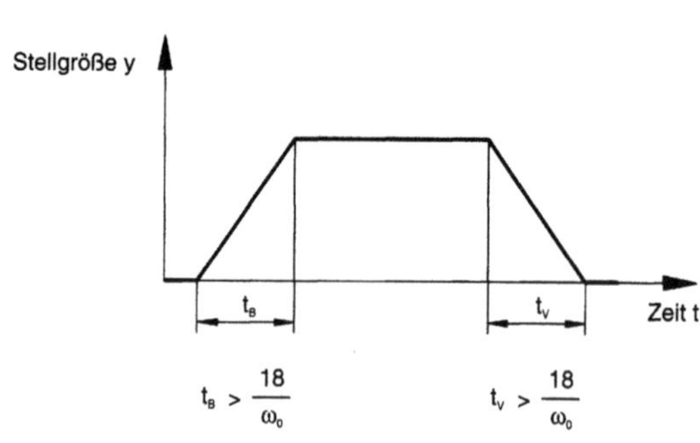

Bild 6.10
Minimale Rampenzeit,
bedingt durch Eigenkreis-
frequenz

Kenngrößen des hydraulischen Antriebssystems	
	siehe Tabelle 6.3
Kompressionsmodul der Druckflüssigkeit	E
Hub des Zylinders	H
Berechnungsformeln für die Eigenkreisfreqenz des gleichflächigen Zylinderantriebs	
Minimale Federsteifigkeit der beiden Flüssigkeitssäulen	$c = c_1 + c_2 = \dfrac{2 \cdot E \cdot A_R}{H} + \dfrac{2 \cdot E \cdot A_R}{H} = \dfrac{4 \cdot E \cdot A_R}{H}$
Minimale Eigenkreisfrequenz	$\omega_0 = \sqrt{\dfrac{c}{m}} = \sqrt{\dfrac{4 \cdot E \cdot A_R}{H \cdot m}}$
Minimale Eigenkreisfrequenz mit Totvolumen	$\omega_0 \approx 0{,}85 \dots 0{,}9 \sqrt{\dfrac{4 \cdot E \cdot A_R}{H \cdot m}}$
Berechnungsformeln für die Eigenkreisfrequenz des ungleichflächigen Zylinderantriebs	
Minimale Eigenkreisfrequenz mit Totvolumen	$\omega_0 = 0{,}85 \dots 0{,}9 \cdot \sqrt{\dfrac{4 \cdot E \cdot A_K}{H \cdot m}} \cdot \dfrac{1 + \sqrt{\alpha}}{2 \cdot \sqrt{\alpha}}$
Berechnungsformeln für den Bewegungsvorgang	
Minimale Beschleunigungs- und Verzögerungszeit	$t_{Bmin} = t_{Vmin} = \dfrac{18}{\omega_0}$
Minimale Beschleunigungs- und Verzögerungsstrecke	$x_{Bmin} = x_{Vmin} = \dfrac{1}{2} \cdot v \cdot t_{Bmin} = \dfrac{1}{2} \cdot v \cdot t_{Vmin} = \dfrac{9 \cdot v}{\omega_0}$

Tabelle 6.9
Berechnung der Eigenkreisfrequenz und Einfluß der Eigenkreisfreqenz auf Beschleunigungs- und Verzögerungsphase

Beispiel 6   *Berechnung der Einkreisfreuqenz und der minimal zulässigen Beschleunigungs- und Verzögerungszeit für einen ungleichflächigen Zylinder*

Ein ungleichflächiger hydraulischer Zylinderantrieb soll eine Masse heben und senken. Die Daten entsprechen dem Antriebssystem aus *Beispiel 6 (Bild 6.8)*. Der Hub H des Zylinders beträgt 1m, der Kompressionsmodul E beträgt $1{,}4 \cdot 10^9$ N/m^2.

Gesucht

- Minimale Eigenkreisfrequenz des Antriebssystems
- Minimale zulässige Beschleunigungs- und Verzögerungszeit

Berechnung der minimalen Eigenkreisfrequenz

Minimale Eigenkreisfrequenz

$$\omega_0 = 0{,}9 \cdot \sqrt{\frac{4 \cdot E \cdot A_K}{H \cdot m}} \cdot \frac{1 + \sqrt{\alpha}}{2 \cdot \sqrt{\alpha}}$$

$$= 0{,}9 \cdot \sqrt{\frac{4 \cdot 1{,}4 \cdot 10^9 \cdot \frac{N}{m^2} \cdot 7{,}85 \cdot 10^{-3} \cdot m^2}{1\,m \cdot 2000\,kg}} \cdot \frac{1 + \sqrt{2}}{2 \cdot \sqrt{2}} = 113{,}9 \cdot \frac{1}{s}$$

Berechnung der minimalen Beschleunigungs- und Verzögerungszeit

Minimale Beschleunigungs- und Verzögerungszeit

$$t_{Bmin} = t_{Vmin} = \frac{18}{\omega_0} = 0{,}158 \ s$$

Berechnungsschritte

Die Dauer eines Bewegungsvorgangs wird in folgenden Schritten berechnet:

- Ermittlung der Maximalgeschwindigkeit,

- Berechnung der Dauer von Beschleunigungs- und Verzögerungsphase,

- Entscheidung, ob der Bewegungsvorgang zwei oder drei Phasen aufweist,

- Berechnung der Gesamtdauer der Bewegung.

Berechnung der Maximalgeschwindigkeit

Die Maximalgeschwindigkeit hängt von der maximalen Ventilöffnung, der Kolben- bzw. Kolbenringfläche, dem Versorgungsdruck und der Belastung ab. Die Berechnungsformeln sind in den Abschnitten 6.4 bzw. 6.5 angegeben und erläutert.

Dauer der Beschleunigungs- und Verzögerungsphase

Während der Beschleunigungs- und Verzögerungsphase wird das Ventil rampenförmig geöffnet bzw. geschlossen.

Die zulässige Beschleunigung und Verzögerung wird durch zwei Einflußgrößen bestimmt:

- Die in Abschnitt 6.6 berechneten zulässigen Kolbenkräfte dürfen nicht überschritten werden.

- Die Rampen beim Beschleunigen und Abbremsen müssen so gewählt werden, daß der Antrieb nicht zum Schwingen angeregt wird (Abschnitt 6.7).

Die Dauer der Beschleunigungsphase t_B und die Dauer der Verzögerungsphase t_V werden so bestimmt, daß beide Bedingungen erfüllt werden. Anschließend werden die Strecken x_B und x_V berechnet, die während der Beschleunigungs- und Verzögerungsphase zurückgelegt werden.

Bewegungsvorgang mit drei Phasen

Ist die Summe der beiden Strecken x_B und x_V kleiner als die Gesamtstrecke x_G, weist der Bewegungsvorgang drei Phasen auf *(Bild 6.2)*. Die verbleibende Strecke x_K legt der Antrieb mit Maximalgeschwindigkeit zurück. Der gesamte Bewegungsvorgang benötigt die Zeitspanne t_G. Sie wird durch Aufsummieren von t_B, t_K und t_V berechnet.

Bewegungsvorgang mit zwei Phasen

Ist die Summe der berechneten Strecken x_B und x_V gleich der Gesamtstrecke x_G, so weist der Bewegungsvorgang zwei Phasen auf, und die Berechnung ist abgeschlossen.

Ist die Summe der beiden berechneten Strecken x_B und x_V größer als die Gesamtstrecke x_G, wird während der Bewegung die antriebsseitig mögliche Maximalgeschwindigkeit nicht erreicht. In diesem Fall umfaßt der Bewegungsvorgang zwei Phasen, und die Strecken x_B und x_V müssen neu bestimmt werden. Dabei müssen die maximal zulässigen Kolbenkräfte und die durch die Eigenkreisfrequenz vorgegebenen Grenzen berücksichtigt werden. Aus den Strecken x_B und x_V wird dann die Dauer des Beschleunigungs- und Verzögerungsvorgangs und durch Aufsummieren die gesamte Bewegungsdauer t_G berechnet.

Beispiel 7   ***Berechnung der Dauer eines Bewegungsvorganges bei einem ungleichflächigen Zylinder.***

Ein ungleichflächiger Zylinderantrieb soll eine Masse anheben und absenken. Die technischen Daten entsprechen dem System aus *Beispiel 6*.

Gesucht

die minimale Gesamtdauer t_G der Bewegung, wenn die Last um $x_G = 0{,}5$ m abgesenkt wird.

- **Bestimmung der Bewegungsart**
  Bei der Bewegung handelt es sich um die Ausfahrbewegung eines ungleichflächigen Zylinders.

- **Berechnung der Maximalgeschwindigkeit für Abwärtsbewegung nach *Beispiel 5*.**

$$v_L = v \cdot \sqrt{\frac{F_{max} - F}{F_{max}}} = 0{,}29 \,\frac{m}{s}$$

- **Beschleunigungsphase**

maximale Kolbenkraft

$$F_{max} = A_K \cdot p_0 = 0{,}785 \,\text{dm}^2 \cdot 250 \,\text{bar} = 196{,}3 \,\text{kN}$$

maximale Beschleunigungskraft

$$F_B = F_{max} - F_R - F_L = 196{,}3 \,\text{kN} - 5 \,\text{kN} + 20 \,\text{kN} = 211{,}3 \,\text{kN}$$

minimale Dauer der Beschleunigungsphase
(Begrenzung durch Kraft)

$$t_{Bmin1} = \frac{v_L}{a} = \frac{v_L \cdot m}{F_B} = \frac{0{,}29 \,\frac{m}{s} \cdot 2000 \,\text{kg}}{211{,}3 \,\text{kN}} = 2{,}7 \,\text{ms}$$

minimale Dauer der Beschleunigungsphase
(Begrenzung durch Eigenkreisfrequenz, nach *Beispiel 6*)

$$t_{Bmin2} = \frac{18}{\omega_0} = 158 \,\text{ms}$$

minimale Dauer der Beschleunigungsphase

$$t_B = t_{Bmax} = t_{Bmin2} = 158 \,\text{ms}$$

Strecke, die während der Beschleunigungsphase zurückgelegt wird

$$x_B = \frac{1}{2} \cdot v_L \cdot t_B = \frac{1}{2} \cdot 0{,}29 \,\frac{m}{s} \cdot 0{,}158 \,\text{s} = 2{,}3 \,\text{cm}$$

■ **Verzögerungsphase**

maximale Kolbenkraft

$$F_{max} = \frac{p_0 \cdot A_K}{\alpha^3} = \frac{196,3\,\text{kN}}{8} = 24,5\,\text{kN}$$

maximale Verzögerungskraft

$$F_V = F_{max} + F_R + F_L = 24,5\,\text{kN} + 5\,\text{kN} - 20\,\text{kN} = 9,5\,\text{kN}$$

minimale Dauer der Verzögerungsphase
(Begrenzung durch Kraft)

$$t_{V\,min1} = \frac{v_L}{a} = \frac{v_L \cdot m}{F_V} = \frac{0,29\,\frac{m}{s} \cdot 2000\,\text{kg}}{9,5\,\text{kN}} = 61\,\text{ms}$$

minimale Dauer der Verzögerungsphase
(Begrenzung durch Eigenkreisfrequenz)

$$t_{V\,min2} = \frac{18}{\omega_0} = 158\,\text{ms}$$

minimale Dauer der Verzögerungsphase

$$t_V = t_{V\,max} = t_{V\,min2} = 158\,\text{ms}$$

Strecke, die während der Verzögerungsphase zurückgelegt wird

$$x_V = \frac{1}{2} \cdot v_L \cdot t_V = \frac{1}{2} \cdot 0,29\,\frac{m}{s} \cdot 0,158\,s = 2,3\,\text{cm}$$

- **Schlußfolgerung**
  Die Strecke, die während der Beschleunigungs- und während der Verzögerungsphase zurückgelegt wird, ist insgesamt kleiner als die Gesamtstrecke x_G. **Daraus folgt: Der Bewegungsvorgang weist drei Phasen auf.**

- **Phase mit Maximalgeschwindigkeit**

Strecke mit Konstantfahrt

$$x_K = x_G - x_B - x_V = 0{,}5\,m - 0{,}23\,m - 0{,}23\,m = 0{,}454\,m$$

Dauer der Konstantfahrt

$$t_K = \frac{x_K}{v_L} = \frac{0{,}454\,m}{0{,}29\,\frac{m}{s}} = 1{,}56\,s$$

- **Gesamtdauer der Bewegung**

$$t_G = t_B + t_V + t_K = 0{,}158\,s + 0{,}158\,s + 1{,}56\,s = 1{,}87\,s$$